物理学実験

大分大学理工学部

長屋智之　近藤隆司　小林　正

学術図書出版社

まえがき

　本冊子は，大分大学理工学部の学生のための，基礎教育としての物理学実験の指導書である。基礎教育における物理学実験として基礎的な実験技術の修得とともに，物理現象の本質的な理解を深めるという方針で本冊子を編著した。

　一般に，学生実験は準備された装置，方法で行うため，実験手引書の示す型通りな実験を行い，実験技術の訓練ということになりやすい。しかし，教育と学習という観点からは，学生が，"なぜか"，"どうしたら良いか"など自分で見つけ出そうという意欲と能動的態度で実験することが必要である。そのために実験中，あるいは報告の段階での質問や討議は欠かすことができない。加えて，各実験テーマには，できるだけ設問を設け，実験の根拠となる理論の理解を助け，また実験技術の向上をめざすようにした。

　本冊子の編著にあたっては諸先輩の残された業績を随所に利用しているが，その事項および参考文献をあげていないことへのご寛恕をお願いするとともに，深甚の敬意を表したい。

担当教員一同

目　次

第 I 部

実験を始める前に

第1章 緒　　論

　この指導書を開くとき学生諸君がすでに力学，電磁気学等整然とした体系を入門的な形とはいえ習得しているはずである。そこで学んだ多くの法則を導き出すときは現象を単純化し，理想的な条件を設定して議論を進めるのが普通である。いわば理論的測定ともいうべき計算により何らかの物理量を求める場合も同様である。しかし，「物理学実験」では，条件を単純化したり，理想的な仮定を設定して実験することができないのが普通であり，むしろ過程に雑多な条件が入り易い。

　したがって実験の目的はすでに学んだ理論を実験を通していっそう理解を深め知識を確実なものにすると同時に，複雑な現実の条件の中で起る現象をどのような実験操作で理論式を適用できるような形に持って行くのか，理論式はどの程度の精度で近似できるのか，といったことも学び，さらに基礎的な物理量の測定器，機械装置の使用法，実験の方法，測定値の処理の仕方などを学習することである。

　性格は練習実験であるが，将来の本格的な研究実験のやり方も基本的には変わらない。学生諸君は種々のテーマ実験を通して実験装置の扱い方を知ると同時に実験者として取るべき態度，心がまえなどを身につけるようにしてほしいものである。実験は原則として2〜3名で行うよう組合せが配慮されている。共同実験者と十分の討議をして実験をよりみのりあるものにすることを期待する。

　さて，実際に実験を行うにあたってまず必要なことは**十分な予習**である。理論の理解と同時に実験の手順もよく頭にいれておくこと。実験室に入って始めて指導書を開くようでは充分な成果は期待できないであろう。実際の実験は比較的簡単なものから，非常にたくさんの手順をきちんと踏んでやらなければならない面倒なものまでさまざまである。注意すべき点はかなりくわしく述べておいたつもりであるが，尚，疑問の点は共同実験者と討論したり，指導教員やティーチングアシスタント (TA) にたずねたりして充分得心してから実験するのが良い。書いてあることを単にその通りやっただけでは物事は意外と身につかないものである。何事も自分で考え抜いて解決して始めて借物でない生きた知識になる。

　以下に【実験を行うに当たっての注意】，【報告書作成に当たっての注意】および【一般的注意】を示す。

【実験を行うに当たっての注意】

(1)　遅刻・欠席の厳禁

実験においては 2 人または 3 人をもって 1 組としてあるから，遅刻・欠席は共同実験者に迷惑をかけることになり，場合によってはその実験ができないことになる。

(2)　実験内容の予習

行うべき実験内容を教科書，文献などを参考にして十分に理解していなければならない。そのために実験テーマの解説の**全ページ**を熟読し，実験内容（目的，原理，装置または器具，実験方法）を 3 ページ程度に要約して**実験開始時に提出すること**。ただし，要約には実験結果の解析は含める必要はない。この予習は報告書の一部となるが，**実験開始時に内容の確認を得てからでないと実験は行えない**。

(3)　測定精度の考慮

実験にとりかかる前にはあらかじめ相対的な不確かさを計算して，どの測定にはどの程度の測定精度が必要であるかを知っておかなければならない。実際の測定に際しては必要とする精度で測定しなければならない。このとき複数個の直接測定量があるときは，全体としてバランスのとれた測定精度が必要である。

(4)　読み取りにおける細心の注意

測定における読み取りでは，これを数回繰り返して平均をとるのが普通であるが，漫然とした繰り返しでは意味がないのであって毎回細心の注意を払って行うべきである。また，**読み取りには最小目盛りの 1/10 まで目測する習慣をつける**。またこのデータを報告書に記載する際は，必ずすべてのデータとその平均値の両者を記載すること。

(5)　測定結果の図示

測定結果で図示できるのは，その場でグラフに描いてみる。そのとき，思わぬミスを見いだすことがある。グラフは実験終了時に指導教員あるいは TA に呈示すること。グラフの線は，実測点を通る必要はなく，実測点がその両側に均等に配分されているように実測点群を縫って滑らかに描くか，最小二乗法を用いて最も適切な線を描く。また縦軸，横軸を引き，その**物理量の名称，単位**を忘れないように，さらに簡単な説明を書き入れておくのがよい。1 つのグラフに複数個の線を引くときは，各々の線に属する実測点群のマークを変えて区別し，たとえ実測点が重なる場合でも区別ができるようにすることがよい。

(6)　実験結果に忠実

学生実験で測定する量は既に先人によって得られているものが多いが，自分の実験結果と比較して一致しない場合につじつまをあわすように適当にごまかしてしまうことがあってはならない。このときは，どこまでもその原因を追求すべきである。なお，このことは実験結果を予測してはならないということではなく，測定の過失を防ぐためにも予測は大切である。

(7)　測定結果の迅速な処理

読み取ったデータは実験の合間を見てできるだけ早く整理をした方がよい。測定が終わったときは結果を直ちに計算しておかねばならない。後になってデータの不足や方法の誤りに気

付いてもどうしようもない。

(8) 有効数字に注意

　計算のときには**有効数字に注意**して無意味な数字を書き並べないようにする。特に，電卓を用いて計算を行うときに，この注意が必要である。**電卓の計算結果である 10 桁もの数値を最終的な測定結果として記載することは絶対してはいけない。**

(9) 実験ノートの準備

　ノートを準備して実験年月日，共同実験者の氏名，気圧，気温，湿度データ，計算過程など実験に関連したことがらをかきとめておく。書き間違えたところがあれば，消しゴムで消さず，その上に線を引いて書き直すのがよい。

(10) 実験中の態度

　実験中に無用の雑談をしたり，席を離れたり，**飲食をしたりすることは厳に慎まねばならない。**帽子をつけたまま実験をしたり，汚れが気になるような服装で実験をしたのでは決して良い結果は得られない。

(11) 器具の取り扱い方

　装置・器具の使用に当たっては，その構造・使用法を十分に理解し，損傷させないように細心の注意を払うこと。また，装置・器具は身体の姿勢に無理が無いように実験が続けられるように配置すべきである。実験中に装置に異常があれば直ちに指導教員に連絡しなければならない。また，実験終了時には必ず装置・器具を点検し，故障，損傷，紛失等があれば報告しなければならない。退出の際には装置・器具を整理整頓して所定の位置に置き，紙屑や消しゴムのかす等を始末して，次の実験者に引き継がねばならない。

【報告書作成に当たっての注意】

　実験が終わったならばできるだけ早く整理して，実験報告書を提出しなければならない。未整理のままで放置すると次第に記憶がうすれて思わぬ失敗をするものである。報告の書式は次の形式による。「実験題目」から「実験日気象」までは実験の第 1 回目に配布する表紙にあたる印刷物に記入して第 1 頁とする。

実験題目　　　　　　装置番号
提出者番号　　学科名　　　　　氏名
共同実験者氏名
実験日　　　　　　提出日実験日気象（気圧・室温・湿度等）

目的：　指導書の目的のまる写しでなくて，これから行う実験の内容を濃縮して表現することが望ましい。

理論：　実験の基礎となる原理や理論について十分に理解した範囲で書く。指導書の単なる写しであってはならない。

装置・測定法：　次の 2 項目について検討する。

(1) 装置の構造図や配置図・配線図などを示し，測定の段取りを順序よく示す。指導書に頼り切らずに，自分なりの創意工夫が望ましい。

(2) この実験で目的とする物理量（間接測定量である）の必要とする精度に対して，直接測定にかかる種々の量について，その測定の精度をあらかじめ検討しておく。また，計算に必要な定数などについても，どの桁まで用いればよいかを検討しておく。

試料および測定値：　各々の測定値が必要とする精度で測定され，各々が指定された測定回数で測定されていることが必要であり，それらすべてが記載されなければならない。また，すべての測定値に**単位を忘れてはならない**。

測定値の処理：　できるだけ詳細にデータの処理の仕方や計算の過程を示すこと。その際，**有効数字を考慮して無意味な数字を書き並べないこと**。

結果：　実験の結果は「目的」に適っているかを考え，単位を忘れずにつけて表すこと。そのとき，表やグラフを用いて分かりやすく工夫をすることが望ましい。実験によっては，不確かさを求めることを要求されているが，その場合は，結果を"測定値 ± 不確かさ　単位"，のように表す。たとえば，重力加速度の測定結果として，$979.6 \pm 0.3\,\mathrm{cm/s^2}$ のように表す。

考察：　得られた実験結果の不確かさを評価し，得られた結果と先人の結果（文献，データブック，便覧，理科年表等に表されている。）や予測される理論値と比較検討する。もしこれらの間に大きな隔たり（評価した不確かさの範囲外となっているとき）があれば，その原因を追求する。さらにこの実験から分かることや実験の意味すること等を考えて考察を書くこと。また，気付いた反省すべき点，改良すべき点などがあれば述べる。考察は報告書のなかで最も重要な部分であり，この項を記載しなければ，この実験結果には価値がなく，評価を得られない。したがって，学習実験としての報告書の評価は不可に近いので，必ず考察をしなければならない。**考察は実験に対する感想ではない**ので，「うまくいった」とか，「簡単な実験だった」とかは書かないこと。その他のこととして，通常の研究実験においては指導書にあるような設問はもちろん書かないが，諸君の実験ではその内容をよく理解してもらうために，各々の実験テーマに関して設問を用意してあるので，設問を解き，報告書の最後につけて提出すること。

【一般的注意】

(1) 実験には，2時限分の時間があてられているので，これを大幅に越えてはならない。そのためには十分に予習を行い，実験時間中は実験に集中し，また不明な点は指導教員もしくはTAに質問し，無駄な時間を省くようにしなければならない。

(2) 物理実験室は東棟3階の第1と西棟3階の第2があり，それぞれの実験室での実験テーマは組分け表のテーマ欄にその区別がなされている。第2実験室の準備室近くの掲示板に組分け表や実験に関する連絡事項を掲示する。

(3) 実験を始めるに当たっての予習の提出は各々の実験室の準備室で行い，実験終了時の結果の確認や出欠は第2実験室の準備室で行う。

(4) 報告書の第 1 頁の表紙は実験の第 1 回目に全ての実験分をまとめて配布し，実験に必要なグラフ用紙はそのつど配布する。報告書の表紙以外の用紙は各自用意し，そのサイズは A4 とする。

(5) 実験に際しては，電卓が必要であるので，持参することが望ましい。準備室には少数個の電卓を用意しているので，必要ならば所定の手続きをして時間内で使用できる。

(6) 報告書の提出に際しては，必ず綴じて，指定された場所に期限内に提出すること。

(7) 病気などにより，やむを得ず実験を休んだ場合には，補講を認める。その実施時期は夏期・冬期休業に入る頃で，できるだけ事前に知らせる。

第2章　実験における不確かさ

1　測定値と不確かさ

　ある物理量を測定することを考えよう。測定結果 X は，仮に絶対的な精度で測定できたとしたときに得られるであろう最も確からしい値 x と，実際の測定での不確実性を示す量 Δx 値と和

$$X = x + \Delta x \tag{2.1}$$

と考えられる。ここで，Δx は**不確かさ (uncertainty)**[1]と呼ばれている。この不確かさの絶対値 $|\Delta x|$ がその測定の曖昧さを示している。実際には絶対的な精度で測定を行うことはできないので，合理的な基準で x を推定し，不確かさも含めて測定結果を表示する必要がある。本章ではその方法を解説する。

　この不確かさという用語は，従来の実験書等や数学の誤差論で用いられる「誤差 (error)」という用語と異なる概念である。誤差論では，物理量 X の真の値 x_0 が存在するとして，x_0 と測定値 x との差，

$$\varepsilon = x - x_0 \tag{2.2}$$

を定義して理論を展開している。しかし，無限精度で測定できる計測器は存在せず，有限精度の測定を無限回測定することもできないので，真の値を知ることはできない。そもそも真の値が存在することは保証されていない。また，誤差の扱われ方は分野によって多彩で統一的では無いという問題もある。その様な背景から，国際標準化機構 (ISO) から発行された国際文書「Guide to the Expression of Uncertainty in Measurement (GUM)」では，計測の国際標準化，計測結果の信頼性表現の明確化の理由で，従来用いられてきた誤差のかわりに，測定値に関する付加情報であることを明確に示した「不確かさ」を用いることを奨励している。不確かさという量は，**真の値に依存しないで測定量の曖昧さを表す量であり，測定方法の評価や測定結果の分布などから確率論的な解釈によって推測された量である**。したがって，**物理学実験においても，従来の「誤差」ではなく，「不確かさ」を用いて実験値の曖昧さを表すこととする**。ただし，従来の文献の誤差論が全く無意味ではなく，実際の誤差の計算方法は不確かさの計算方法とほとんど同じである。後で説明するように，ガウスの誤差論は，真の値 x_0 を無限に測定できた場合の x に対する期待値と見なすことにより，不確かさに関する数学の基本となる。長年使われてきた「誤差」や「エラー」などの用語はなかなか死語になることはない。しかし，これから技術者，研究者になる諸君は，「不確かさ」を用いて計測結果の信頼性を表現することに慣れることが望ましい [1]。

---

[1] 本書では，不確かさを Δx などと表す場合は正の値も負の値もとることを想定している。一方，後述するように，不確かさを平均値の実験標準偏差を用いて $\sigma_{\bar{x}}$ などと表す場合は正の値である。

不確かさの原因はいくつかあるが，主な原因として以下の理由が挙げられる。

a. 確率的要因：測定者が関知できない理由によって偶然に起きる。この要因は実験に不可避であり，＋，－のどちらかに**偏らない**特徴がある。この要因は，測定回数を増やし，平均を取ると影響が少なくなる。

b. 系統的要因：たとえば，理論の近似，測定器の不備，測定者の読取りの癖などによって発生するものであり，＋，－のどちらかに**偏る**ことが多い。場合によってはこの要因を取り除くこともできる。

aの原因の例として，放射線の係数率を測定した際の不確かさが挙げられる。この場合は，ある時間間隔に計測する放射線のカウントの期待値 (平均値) が N_0 であっても実際に観測される個々のカウント数は N_0 であるとは限らず，任意の値 N がポアソン分布 $p(N)$

$$p(N) = \frac{N_0{}^N}{N!} e^{-N_0}$$

に従う確率で発現することが知られている。ポアソン分布は分布の広がりを示す標準偏差 σ が期待値（平均値）N_0 の平方根，$\sigma = \sqrt{N_0}$，となる特殊な分布である。

bの場合は取り扱いは困難であるが，測定者の読み取りによる不確かさに関しては，測定者を複数にしたり，多数回繰り返して測定を行えば，不確かさが確率的に発生すると仮定して不確かさの大きさを見積もることはできる。

1.1 不確かさの求め方

ガウスの誤差論は，**真の値 x_0 を無限に測定できた場合の x に対する期待値と見なす**ことにより，不確かさに関する数学の基本となる。この節では，ガウスの誤差論の結論を紹介する。不確かさの原因が確率的な変動によるとき，いくつかの自然な仮定をおこなうと，測定値 x は真の値 x_0 のまわりにガウス分布

$$p(x) = \frac{1}{\sqrt{2\pi\sigma^2}} \exp\left[-\frac{(x-x_0)^2}{2\sigma^2}\right] \tag{2.3}$$

にしたがって分布することが導かれる。ここで，σ は分布の広がりを表す量であり，**標準偏差**と呼ばれる。図 2.1 に示すように，σ が大きいほど分布は広がり，小さいほど狭くなる。十分数多くの測定を行った場合，標準偏差は次の極限値で与えられる。

$$\sigma = \lim_{n \to \infty} \sqrt{\sum_{i=1}^{n} \frac{(x_i - x_0)^2}{n}} \tag{2.4}$$

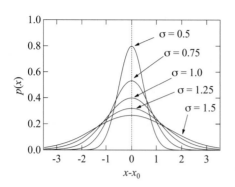

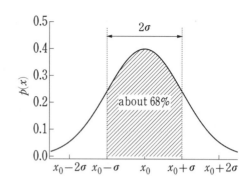

図 **2.1**　ガウス分布:σ による変化

図 **2.2**　ガウス分布: x_0 を中心とする 2σ の範囲は全面積の約 68%.

ガウス分布は，x の全領域にわたって積分すると 1 になるように規格化されている確率分布関数である。[2)]

$$\int_{-\infty}^{+\infty} p(x)dx = 1$$

図 2.2 に示すように，ガウス分布は期待値 x_0 を中心として対称であり，x_0 を中心とする 2σ の範囲は**全面積の約 68%**を占める。また，x_0 を中心とする 4σ の範囲は全面積の約 95% を占める。したがって，十分多くの計測を繰り返せば，測定値のうちの約 68% が x_0 を中心とする 2σ の範囲，約 95% が x_0 を中心とする 4σ の範囲に含まれると期待できる。この標準偏差の推定値で表した不確かさは，**標準不確かさ**と呼ばれている。

(2.4) 式では無限の極限を考えているが，実験では無限の計測を行うことはできない。この場合は有限の測定で分布の中心と広がり（標準偏差）を推定する必要がある。同じ条件である物理量 X の計測を n 回繰り返すと，測定値 $x_1, x_2, \cdots, x_n$ は，**平均値**

$$\overline{x} = \frac{x_1 + x_2 + \cdots + x_n}{n} = \frac{1}{n}\sum_{i=1}^{n} x_i \tag{2.7}$$

のまわりに分布する。このとき，各測定値と標本平均との差 $\delta_i = x_i - \overline{x}$ の分布の広がりは**実験標準偏差**

$$\sigma_x = \sqrt{\frac{\sum_{i=1}^{n} \delta_i^{\,2}}{n-1}} = \sqrt{\frac{\sum_{i=1}^{n} (x_i - \overline{x})^2}{n-1}} \tag{2.8}$$

で推定できる。統計学では，測定値の事を標本と呼ぶので，$\overline{x}$ は**標本平均**とも呼ばれる。また，σ_x は**標本標準偏差**，**推定標準偏差**とも呼ばれている。ここで，(2.8) 式の右辺の分母が $n-1$ に

[2)] 一般に，確率分布関数 $p(x)$ がわかっている場合，分布の中心（重心）m と広がり v は

$$m = \int_{-\infty}^{+\infty} xp(x)dx, \tag{2.5}$$

$$v = \int_{-\infty}^{+\infty} (x - m)^2 \, p(x)dx \tag{2.6}$$

で求められる。v は分散と呼ばれる量であり，その平方根 $s = \sqrt{v}$ が標準偏差である。x の値が x から $x + dx$ までにある確率が $p(x)dx$ なので，(2.5) 式は x の値にその確率を掛けて足し合わせていることになる。したがって，m は x の期待値（平均値）でもある。ガウス分布では $m = x_0$, $v = \sigma^2$, $s = \sigma$ となっている。

なっていることに注意する。これは，現実に得られた n 個のデータの標準偏差ではなく，無限回測定したときの標準偏差の**推定値**であるからである。この式の中に $\overline{x}$ が含まれているために，自由度が 1 だけ減ったことに対応している。

(2.7) 式の平均値や (2.8) 式の実験標準偏差の値は，**関数電卓または表計算ソフトを用いて簡単に計算することができる**。しかし，注意すべき事は，実験標準偏差そのものは測定量のばらつきであり，**平均値の不確かさではない**。実験では多数回繰り返して計測を行い，最も信頼できる値として平均値を表示する。この際に，この**平均値の不確かさ**を付記する必要がある。多くの場合，**測定量の不確かさは平均値の実験標準偏差**[3]で表す。以下ではその方法を紹介する。

個々の測定が互いに独立に行われることに注意すると，2 節で紹介する不確かさの伝播式を用いて平均値の不確かさを求めることができる。導出は 2.4 節で行うが，**平均値 $\overline{x}$ の実験標準偏差（不確かさ）**は次式で求めることができる。

$$\sigma_{\overline{x}} = \frac{\sigma_x}{\sqrt{n}} = \sqrt{\frac{\sum_{i=1}^{n}(x_i - \overline{x})^2}{n(n-1)}} \tag{2.9}$$

計算方法は簡単で，平均値 $\overline{x}$ の実験標準偏差は，x の実験標準偏差の値を $\sqrt{n}$ で割ればよい。

したがって，物理量 X についての測定結果は以下のように記載する。なお，**数値の後の単位には括弧は必要ない**。

$$X = 「\overline{x}\text{の数値}」 \pm 「\sigma_{\overline{x}}\text{の数値}」 \quad 単位$$

(2.8) 式の実験標準偏差は，測定回数の n が多くなればなるほど (2.4) 式の標準偏差の値に収束していく。これに対して，(2.9) 式の平均値の実験標準偏差は，n が多くなればなるほど 0 に近づいていく。測定回数が多いほど期待値の信頼性が上がるので，平均値の実験標準偏差で不確かさを表現する方が理にかなっていることがわかる。

1.2　直接測定による不確かさの計算例

メモリ間隔が 1 mm の定規を使ってある棒の長さを $n = 10$ 回測定した場合を考える。最小目盛の 1/10 まで目読する。測定結果と計算方法を表 2.1 に示す。

まず初めに，測定値 L_i の平均値 $\overline{L}$ を計算し，測定結果の下に記載する。次に，各測定値と平均値との差 $\delta_i = L_i - \overline{L}$ とその 2 乗 $\delta_i{}^2$ を計算して記載する。そして，δ_i の 2 乗和 $\sum_{i=1}^{n} \delta_i{}^2$ を計算する。次に，(2.9) 式にしたがって平均値 $\overline{L}$ の実験標準偏差（不確かさ）を求める。

$$\sigma_{\overline{L}} = \sqrt{\frac{\sum_{i=1}^{n} \delta_i{}^2}{n(n-1)}} = \sqrt{\frac{10.0090}{10 \times 9}} = 0.33348\cdots \cong 0.3 \text{ mm}$$

物理学実験では**不確かさは 1 桁で表示する**ので，小数第 2 位を四捨五入して $\sigma_{\overline{L}} \cong 0.3$ mm を得る。

平均値は小数第 1 位の桁に不確かさを含むので，小数第 2 位を四捨五入して $\overline{L} = 866.\overset{4}{\cancel{3}\cancel{9}} \cong 866.4$

---

[3] 定義から明らかなとおり，実験標準偏差は正の量である。

表 2.1　棒の長さを 10 回測定した結果と計算方法

測定番号	測定値 L_i [mm]	平均値との差 δ_i [mm]	$\delta_i{}^2$ [mm^2]
1	864.5	-1.89	3.5721
2	866.2	-0.19	0.0361
3	865.4	-0.99	0.9801
4	867.3	0.91	0.8281
5	868.0	1.61	2.5921
6	866.4	0.01	0.0001
7	866.3	-0.09	0.0081
8	865.9	-0.49	0.2401
9	866.2	-0.19	0.0361
10	867.7	1.31	1.7161
$\overline{L} = 866.39$		$\sum \delta_i{}^2 = 10.0090$	

とする。したがって，この測定による測定結果は以下のように表示する。

$$\overline{L} = 866.4 \pm 0.3 \text{ mm}$$

なお，関数電卓もしくはパソコンの表計算ソフト[4]の関数 STDEV( ) を用いると，L_i の値を入力する（指定する）だけで実験標準偏差（推定標準偏差）σ_L が

$$\sigma_L = \sqrt{\frac{\sum_{i=1}^{n} \delta_i{}^2}{n-1}} = 1.05456678\cdots$$

と求められる。この値を $\sqrt{n}$ で割って，平均値 $\overline{L}$ の実験標準偏差（不確かさ）

$$\sigma_{\overline{L}} = \sqrt{\frac{\sum_{i=1}^{n} \delta_i{}^2}{n(n-1)}} = \frac{\sigma_L}{\sqrt{n}} = \frac{1.05456678\cdots}{\sqrt{10}} = 0.33348\cdots \cong 0.3 \text{ mm}$$

が得られる。表を使った計算に比べて電卓や表計算ソフトを使った計算は非常に楽であるが，計算の原理を知るためには表を使った計算の練習が必要である。なお，電卓や表計算ソフトでは母標準偏差 $\sqrt{\dfrac{\sum_{i=1}^{n} \delta_i{}^2}{n}}$ を求める関数も存在するので，使用するときに間違えの無いように注意する。母標準偏差の場合は，根号中の分母が n になっている。

1.3　間接測定における不確かさの伝播

　求めたい物理量が直接測定できない場合でも，直接測定が可能な物理量との関係式がわかっていれば目的の物理量を**間接的に**求めることが可能である。このような測定方法を**間接測定**という。測定可能な物理量には不確かさが存在するので，関係式の形に応じて間接的に推定する物理量の不確かさに関連するはずである。このように，測定量の不確かさが伝わって行くことを**不確かさの伝播**という。この節では，間接測定における不確かさの簡単な見積もり方を解説する。厳密な取り扱いについては，2 節で取り上げる。

---

[4] MicroSoft の Excel や OpenOffice の Calc

(a)　加法に関わる不確かさの伝播

簡単な例として，辺の長さが a, b の長方形の周の長さ L を計算することを考える。a, b の長さの不確かさを $\Delta a, \Delta b$，L の不確かさを ΔL として，$L + \Delta L$ から L を引くと以下のようになる。

$$
\begin{array}{rcccc}
(L + \Delta L) & = & 2(a + \Delta a) & + & 2(b + \Delta b) \\
-)\quad L & = & 2a & + & 2b \\
\hline
\Delta L & = & 2\Delta a & + & 2\Delta b
\end{array}
\qquad (2.10)
$$

$\Delta a, \Delta b$ は正にも負にもなり得るので，不確かさの絶対値をとって，

$$
|\Delta L| \cong 2(|\Delta a| + |\Delta b|) \qquad (2.11)
$$

とする。

n 回の測定による不確かさを考える場合は，(2.10) 式の結果を 2 乗して足し合わせる。

$$
\sum_{i=1}^{n} (\Delta L_i)^2 = 4\left\{ \sum_{i=1}^{n} (\Delta a_i)^2 + \sum_{i=1}^{n} (\Delta b_i)^2 + 2\sum_{i=1}^{n} (\Delta a_i \Delta b_i) \right\} \qquad (2.12)
$$

ここで，積 $\Delta a_i \Delta b_i$ は正にも負にもなり，n が十分大きいときにクロスタームの和 $\sum_{i=1}^{n} (\Delta a_i \Delta b_i)$ は 0 に収束すると近似できる。この近似を行って $n(n-1)$ で割ると

$$
\frac{1}{n(n-1)} \sum_{i=1}^{n} (\Delta L_i)^2 = 4\left\{ \frac{1}{n(n-1)} \sum_{i=1}^{n} (\Delta a_i)^2 + \frac{1}{n(n-1)} \sum_{i=1}^{n} (\Delta b_i)^2 \right\} \qquad (2.13)
$$

となり，各項は平均値の実験標準偏差の定義と同じになる。したがって，a, b についての平均値の実験標準偏差 $\sigma_{\overline{a}}, \sigma_{\overline{b}}$ と L についての平均値の実験標準偏差 $\sigma_{\overline{L}}$ の関係式を得る。

$$
\sigma_{\overline{L}}^2 = 4\left(\sigma_{\overline{a}}^2 + \sigma_{\overline{b}}^2 \right) \qquad (2.14)
$$

(b)　減法に関わる不確かさの伝播

次に，辺の長さが a, b の長方形の辺の長さの差 $D = a - b$ について考える。D の不確かさを ΔD として，$D + \Delta D$ から D を引くと以下のようになる。

$$
\begin{array}{rcccc}
(D + \Delta D) & = & (a + \Delta a) & - & (b + \Delta b) \\
-)\quad D & = & a & - & b \\
\hline
\Delta D & = & \Delta a & - & \Delta b
\end{array}
\qquad (2.15)
$$

$\Delta a, \Delta b$ は正にも負にもなり得るので，不確かさの絶対値をとって，

$$
|\Delta D| \cong (|\Delta a| + |\Delta b|) \qquad (2.16)
$$

とする。

n 回の測定による不確かさを考える場合は，(2.15) 式の結果を 2 乗して足し合わせる。

$$
\sum_{i=1}^{n} (\Delta D_i)^2 = \left\{ \sum_{i=1}^{n} (\Delta a_i)^2 + \sum_{i=1}^{n} (\Delta b_i)^2 - \sum_{i=1}^{n} (\Delta a_i \Delta b_i) \right\} \qquad (2.17)
$$

ここで，積 $\Delta a_i \Delta b_i$ は正にも負にもなり，n が十分大きいときにクロスタームの和 $\displaystyle\sum_{i=1}^{n} (\Delta a_i \Delta b_i)$ は 0 に収束すると近似できる。この近似を行って $n(n-1)$ で割ると

$$\frac{1}{n(n-1)} \sum_{i=1}^{n} (\Delta D_i)^2 = \left\{ \frac{1}{n(n-1)} \sum_{i=1}^{n} (\Delta a_i)^2 + \frac{1}{n(n-1)} \sum_{i=1}^{n} (\Delta b_i)^2 \right\} \tag{2.18}$$

となり，各項は平均値の実験標準偏差の定義と同じになる。したがって，a, b についての平均値の実験標準偏差 $\sigma_{\overline{a}}, \sigma_{\overline{b}}$ と D についての平均値の実験標準偏差 $\sigma_{\overline{D}}$ の関係式を得る。

$$\sigma_{\overline{D}}^2 = \left(\sigma_{\overline{a}}^2 + \sigma_{\overline{b}}^2 \right) \tag{2.19}$$

(c)　乗算に関わる不確かさの伝播

次に，辺の長さが a, b の長方形の面積 S を考える。面積の不確かさを ΔS とすると，$S, S + \Delta S$ は次のように表される。

$$S = a \times b \tag{2.20}$$

$$S + \Delta S = (a + \Delta a) \times (b + \Delta b) \tag{2.21}$$

(2.21),(2.20) 式の対数を取り，引き算すると以下の式が得られる。

$$
\begin{aligned}
\log (S + \Delta S) \quad &= \quad \log (a + \Delta a) \quad &+ \quad \log (b + \Delta b) \\
-)\ \log S \quad &= \quad \log a \quad &+ \quad \log b \\
\hline
\log \left(1 + \frac{\Delta S}{S} \right) \quad &= \quad \log \left(1 + \frac{\Delta a}{a} \right) \quad &+ \quad \log \left(1 + \frac{\Delta b}{b} \right)
\end{aligned}
$$

ここで，マクローリン展開を使用して対数をべき級数に展開する。

$$\log (1 + x) = x - \frac{x^2}{2} + \frac{x^3}{3} - \frac{x^4}{4} + \cdots \tag{2.22}$$

x が 1 に比べて十分小さい場合，次の近似式が成り立つ。

$$\log (1 + x) \cong x, (x \ll 1) \tag{2.23}$$

この近似式を用いると，$\dfrac{\Delta a}{a} \ll 1, \dfrac{\Delta b}{b} \ll 1$ の場合に S の不確かさの相対値は，

$$\frac{\Delta S}{S} \cong \frac{\Delta a}{a} + \frac{\Delta b}{b} \tag{2.24}$$

となる。ここで，$\Delta a, \Delta b$ は正にも負にもなるため，(2.24) 式で不確かさの絶対値をとる。

$$\frac{|\Delta S|}{S} \cong \frac{|\Delta a|}{a} + \frac{|\Delta b|}{b} \tag{2.25}$$

面積の不確かさの絶対値は，(2.25) 式の両辺に S を掛けて次式となる。

$$|\Delta S| \cong b |\Delta a| + a |\Delta b| \tag{2.26}$$

n 回の測定による不確かさを考える場合は，(2.26) 式の絶対値を外した後に 2 乗して足し合わせる。a, b はそれぞれ平均値 $\overline{a}, \overline{b}$ で置き換える。

$$\sum_{i=1}^{n} (\Delta S_i)^2 = \overline{b}^2 \sum_{i=1}^{n} (\Delta a_i)^2 + \overline{a}^2 \sum_{i=1}^{n} (\Delta b_i)^2 + 2\overline{a}\overline{b} \sum_{i=1}^{n} (\Delta a_i \Delta b_i) \tag{2.27}$$

ここで，積 $\Delta a_i \Delta b_i$ は正にも負にもなり，n が十分大きいときにクロスタームの和 $\sum_{i=1}^{n} (\Delta a_i \Delta b_i)$

は 0 に収束すると近似できる。したがって，この近似を行って $n(n-1)\overline{a}^2\overline{b}^2$ で割ると

$$\frac{1}{n(n-1)\overline{S}^2} \sum_{i=1}^{n} (\Delta S_i)^2 = \frac{1}{n(n-1)\overline{a}^2} \sum_{i=1}^{n} (\Delta a_i)^2 + \frac{1}{n(n-1)\overline{b}^2} \sum_{i=1}^{n} (\Delta b_i)^2 \tag{2.28}$$

を得る。したがって，a, b についての平均値の実験標準偏差 $\sigma_{\overline{a}}, \sigma_{\overline{b}}$ と S についての平均値の実験標準偏差 $\sigma_{\overline{S}}$ の関係式として次式を得る。

$$\left(\frac{\sigma_{\overline{S}}}{\overline{S}} \right)^2 = \left(\frac{\sigma_{\overline{a}}}{\overline{a}} \right)^2 + \left(\frac{\sigma_{\overline{b}}}{\overline{b}} \right)^2 \tag{2.29}$$

(d) 除算に関わる不確かさの伝播

次に割り算の例を考える。長辺の長さが a，短辺の長さが b の長方形の短辺に対する長辺の比 R を考える。R の不確かさを ΔR とすると，$R, R + \Delta R$ は以下のように表される。

$$R = \frac{a}{b} \tag{2.30}$$

$$R + \Delta R = \frac{a + \Delta a}{b + \Delta b} \tag{2.31}$$

(2.31), (2.30) 式の対数を取り，引き算すると以下の式が得られる。

$$
\begin{array}{lll}
\log(R + \Delta R) &=& \log(a + \Delta a) & - & \log(b + \Delta b) \\
-) \quad \log R &=& \log a & - & \log b \\
\hline
\log\left(1 + \dfrac{\Delta R}{R}\right) &=& \log\left(1 + \dfrac{\Delta a}{a}\right) & - & \log\left(1 + \dfrac{\Delta b}{b}\right)
\end{array}
$$

$\dfrac{\Delta a}{a} \ll 1, \dfrac{\Delta b}{b} \ll 1$ の場合，乗算の場合と同様に対数関数を展開して，R の不確かさの相対値は，

$$\frac{\Delta R}{R} \cong \frac{\Delta a}{a} - \frac{\Delta b}{b} \tag{2.32}$$

となる。ここで，$\Delta a, \Delta b$ は正にも負にもなるため，(2.32) 式で不確かさの絶対値をとる。

$$\frac{|\Delta R|}{R} \cong \frac{|\Delta a|}{a} + \frac{|\Delta b|}{b} \tag{2.33}$$

R の不確かさの絶対値は，(2.33) 式の両辺に R を掛けて次式となる。

$$|\Delta R| \cong \frac{|\Delta a|}{b} + \frac{a |\Delta b|}{b^2} \tag{2.34}$$

n 回の測定による平均値の標準偏差の関係式に関しては，結果のみを以下に示す。

$$\left(\frac{\sigma_{\overline{R}}}{\overline{R}} \right)^2 = \left(\frac{\sigma_{\overline{a}}}{\overline{a}} \right)^2 + \left(\frac{\sigma_{\overline{b}}}{\overline{b}} \right)^2 \tag{2.35}$$

(e) 乗除算および根号計算の複合計算例

実際の実験では，乗算，除算，根号が複合した計算を行うことが多い。その様な例として，振り子の周期から重力加速度を求める場合の不確かさを考える。糸の長さが L の単振り子の周期 T

は，振り子の振れ角 θ が 1 より極めて小さい場合，重力加速度 g を用いて次式で表される。

$$T = 2\pi\sqrt{\frac{L}{g}} \tag{2.36}$$

(2.36) 式を g について解くと次式を得る。

$$g = \frac{4\pi^2 L}{T^2} \tag{2.37}$$

(2.37) 式から重力加速度を測定する場合，糸の長さの不確かさ ΔL と周期の不確かさ ΔT がどの様に重力加速度の不確かさ Δg に影響するかを考える。円周率に関しては，電卓でも十分多くの桁を用いて計算できるので，有限な桁数の近似を行うことによる影響は無視してよい。

まず，(2.37) 式にこれらの不確かさを導入する。

$$g + \Delta g = \frac{4\pi^2 (L + \Delta L)}{(T + \Delta T)^2} \tag{2.38}$$

(2.38), (2.37) 式の対数を取って引き算する。

$$
\begin{array}{rclclcl}
\log (g + \Delta g) & = & 2(\log 2\pi) & + & \log (L + \Delta L) & - & 2\log (T + \Delta T) \\
-)\quad \log g & = & 2(\log 2\pi) & + & \log L & - & 2\log T \\
\hline
\log\left(1 + \dfrac{\Delta g}{g}\right) & = & 0 & + & \log\left(1 + \dfrac{\Delta L}{L}\right) & - & 2\log\left(1 + \dfrac{\Delta T}{T}\right)
\end{array}
$$

$\dfrac{\Delta L}{L} \ll 1, \dfrac{\Delta T}{T} \ll 1$ の場合，(2.23) の近似式を用いると次式を得る。

$$\frac{\Delta g}{g} \cong \frac{\Delta L}{L} - 2\frac{\Delta T}{T}$$

不確かさは正にも負にもなり得るので，絶対値を取って最終的な不確かさの伝播式を得る。

$$\frac{|\Delta g|}{g} \cong \frac{|\Delta L|}{L} + 2\frac{|\Delta T|}{T} \tag{2.39}$$

$$|\Delta g| \cong \frac{4\pi^2}{T^2}|\Delta L| + \frac{8\pi^2 L}{T^3}|\Delta T| \tag{2.40}$$

(2.39), (2.40) 式で注意すべき点は，**周期の不確かさの値が 2 倍に拡大して伝播する**ことである。これは，(2.37) 式において**周期の指数が 2 で有る**ことに起因する。したがって，周期の測定は長さの測定よりも精度良く行うことを心がける必要がある。

n 回の測定による平均値の標準偏差の関係式に関しては，結果のみを以下に示す。

$$\left(\frac{\sigma_{\overline{g}}}{\overline{g}}\right)^2 = \left(\frac{\sigma_{\overline{L}}}{\overline{L}}\right)^2 + 4\left(\frac{\sigma_{\overline{T}}}{\overline{T}}\right)^2 \tag{2.41}$$

2　一般的な不確かさの伝播公式の導出

前節では，簡単な場合に不確かさの伝播を見積もったが，この節では一般的な不確かさの伝播公式の導出方法について解説する [1, 2]。独立な物理量 $X, Y, Z, \cdots$ の関数として，$W = f(X, Y, Z, \cdots)$ があり，十分多くの測定を行ったときの物理量 $X, Y, Z, \cdots$ の平均値を $\overline{x}, \overline{y}, \overline{z}, \cdots$ と定義する。これらの平均値を $W = f(X, Y, Z, \cdots)$ に代入して求められる W の平均値を $\overline{w} = f(\overline{x}, \overline{y}, \overline{z}, \cdots)$ と

する。また，実際の実験のように，有限の測定回数 n で得たデータの i 番目の組を $(x_i, y_i, z_i, \cdots)$ とする。ただし，$i = 1, 2, \cdots, n$ である。各々の測定において，各測定量の平均値からのずれ $\delta x_i = x_i - \overline{x}, \delta y_i = y_i - \overline{y}, \delta z_i = z_i - \overline{z}, \cdots$ は十分小さく，その結果生じる w の微小変化 $\delta w_i = w_i - \overline{w}$ は十分小さいのでテイラー級数に展開する。

$$\delta w_i = \frac{\partial f}{\partial x}\delta x_i + \frac{\partial f}{\partial y}\delta y_i + \frac{\partial f}{\partial z}\delta z_i + \cdots \tag{2.42}$$

(2.42) 式を 2 乗して i について和を取ると，

$$\sum_{i=1}^{n} (\delta w_i)^2 = \left(\frac{\partial f}{\partial x}\right)^2 \sum_{i=1}^{n} (\delta x_i)^2 + \left(\frac{\partial f}{\partial y}\right)^2 \sum_{i=1}^{n} (\delta y_i)^2 + \left(\frac{\partial f}{\partial z}\right)^2 \sum_{i=1}^{n} (\delta z_i)^2 + \cdots$$

$$+ 2\left(\frac{\partial f}{\partial x}\right)\left(\frac{\partial f}{\partial y}\right)\sum_{i=1}^{n} \delta x_i \delta y_i + 2\left(\frac{\partial f}{\partial y}\right)\left(\frac{\partial f}{\partial z}\right)\sum_{i=1}^{n} \delta y_i \delta z_i$$

$$+ 2\left(\frac{\partial f}{\partial z}\right)\left(\frac{\partial f}{\partial x}\right)\sum_{i=1}^{n} \delta z_i \delta x_i \cdots \tag{2.43}$$

となる。各物理量は互いに独立であるため，十分多数回の測定では，$\Sigma \delta x_i \delta y_i$ などの 1 次の微小量の積は正と負が相殺してほとんど 0 になると考えられるので無視してよい。(2.43) 式から 1 次の微小量の積を落として両辺を測定回数 $n - 1$ で割ると，

$$\sum_{i=1}^{n} \frac{(\delta w_i)^2}{n-1} = \left(\frac{\partial f}{\partial x}\right)^2 \sum_{i=1}^{n} \frac{(\delta x_i)^2}{n-1} + \left(\frac{\partial f}{\partial y}\right)^2 \sum_{i=1}^{n} \frac{(\delta y_i)^2}{n-1} + \left(\frac{\partial f}{\partial z}\right)^2 \sum_{i=1}^{n} \frac{(\delta z_i)^2}{n-1} + \cdots \tag{2.44}$$

となる。ここで，上式右辺各項の Σ の値は，各物理量の実験標準偏差であるので，実験標準偏差についての関係式

$$\sigma_w{}^2 = \left(\frac{\partial f}{\partial x}\right)^2 \sigma_x{}^2 + \left(\frac{\partial f}{\partial y}\right)^2 \sigma_y{}^2 + \left(\frac{\partial f}{\partial z}\right)^2 \sigma_z{}^2 + \cdots \tag{2.45}$$

が成立する。(2.45) 式の平方根をとって次式を得る。

$$\sigma_w = \sqrt{\left(\frac{\partial f}{\partial x}\right)^2 \sigma_x{}^2 + \left(\frac{\partial f}{\partial y}\right)^2 \sigma_y{}^2 + \left(\frac{\partial f}{\partial z}\right)^2 \sigma_z{}^2 + \cdots} \tag{2.46}$$

ここで，w_i の実験標準偏差 σ_w は**合成標準不確かさ**という。(2.44) 式をさらに $\sqrt{n}$ で割ると，**平均値**の実験標準偏差（不確かさ）の関係式を得る。

$$\sigma_{\overline{w}} = \sqrt{\left(\frac{\partial f}{\partial x}\right)^2 \sigma_{\overline{x}}{}^2 + \left(\frac{\partial f}{\partial y}\right)^2 \sigma_{\overline{y}}{}^2 + \left(\frac{\partial f}{\partial z}\right)^2 \sigma_{\overline{z}}{}^2 + \cdots} \tag{2.47}$$

また，不確かさを $\Delta w, \Delta x, \Delta y, \Delta z, \cdots$ で表した場合も同じ形の式が成り立つ。

$$|\Delta w| = \sqrt{\left(\frac{\partial f}{\partial x}\right)^2 \Delta x^2 + \left(\frac{\partial f}{\partial y}\right)^2 \Delta y^2 + \left(\frac{\partial f}{\partial z}\right)^2 \Delta z^2 + \cdots} \tag{2.48}$$

(2.46), (2.47), (2.48) 式は任意の関数 $w = f(x, y, z, \cdots)$ について成り立ち，**不確かさの伝播式**と呼ばれている。

なお，繰り返し測定によって $x, y, z, \cdots$ の実験標準偏差を求め**ない**場合には，(2.47), (2.48) 式のかわりに次の (2.49) 式を用いて w の有効数字の桁を決めればよい。

$$|\Delta w| = \left| \frac{\partial f}{\partial x} \Delta x \right| + \left| \frac{\partial f}{\partial y} \Delta y \right| + \left| \frac{\partial f}{\partial z} \Delta z \right| + \cdots \tag{2.49}$$

これは，(2.42) 式の $\delta_\circ$ を $\Delta_\circ$ に読み替えて，各々の不確かさが正にも負にもなることを考慮して絶対値をとったものである。(2.48) 式の値は (2.49) 式の値よりも小さくなるが，これは，測定回数が多いことによって各測定の不確かさが打ち消し合うためである。

次に，$w = f(x, y, z, \cdots)$ の関数形が典型的な場合について具体的な形を求めてみる。以下に示す式は，前節で示した式と同じである。

2.1　線形関数（和または差）の場合

$$w = f(x, y, z, \cdots) = ax + by + cz \cdots \tag{2.50}$$

の場合は，$\dfrac{\partial f}{\partial x} = a, \dfrac{\partial f}{\partial y} = b, \dfrac{\partial f}{\partial z} = c, \cdots$ となるので，

$$\sigma_{\overline{w}} = \sqrt{(a\sigma_{\overline{x}})^2 + (b\sigma_{\overline{y}})^2 + (c\sigma_{\overline{z}})^2 + \cdots} \tag{2.51}$$

$$|\Delta w| = \sqrt{(a\Delta x)^2 + (b\Delta y)^2 + (c\Delta z)^2 + \cdots} \tag{2.52}$$

となる。

2.2　積または商の場合

$$w = f(x, y, z, \cdots) = ax^k y^l z^m \cdots \tag{2.53}$$

の場合は，$\dfrac{\partial f}{\partial x} = akx^{k-1}y^l z^m, \dfrac{\partial f}{\partial y} = aly^{l-1}x^k z^m, \dfrac{\partial f}{\partial z} = amz^{m-1}x^k y^l, \cdots$ となるので，

$$\sigma_{\overline{w}} = \sqrt{(akx^{k-1}y^l z^m)^2 \sigma_{\overline{x}}^2 + (aly^{l-1}x^k z^m)^2 \sigma_{\overline{y}}^2 + (amz^{m-1}x^k y^l)^2 \sigma_{\overline{z}}^2 + \cdots} \tag{2.54}$$

となる。両辺を $w = ax^k x^l z^m$ で割って

$$\frac{\sigma_{\overline{w}}}{w} = \sqrt{\left(k\frac{\sigma_{\overline{x}}}{x}\right)^2 + \left(l\frac{\sigma_{\overline{y}}}{y}\right)^2 + \left(m\frac{\sigma_{\overline{z}}}{z}\right)^2 + \cdots} \tag{2.55}$$

$$\frac{|\Delta w|}{w} = \sqrt{\left(k\frac{\Delta x}{x}\right)^2 + \left(l\frac{\Delta y}{y}\right)^2 + \left(m\frac{\Delta z}{z}\right)^2 + \cdots} \tag{2.56}$$

となり，**相対的な**不確かさの形で不確かさの伝播式が表現される。**べき指数の大きい量の不確かさが最も影響する**ことがわかる。

2.3　引数が一個の場合

引数が一個の場合は，$w = f(x)$, $\Delta w = \left| \dfrac{df(x)}{dx} \Delta w \right|$ となる。ある値 x_0 での関数値の不確か

さは，関数 $f(x)$ を x で微分したものに x_0 代入し，不確かさ Δx を掛ければよい。三角関数の場合には，x はラジアンの値を使用することに注意する。

主な初等関数の不確かさは第 3 章 6.2 節の表 3.6 (p.47) に示してある。

2.4　平均値の不確かさの導出

(2.52) 式を用いると 1.1 節の (2.9) 式で紹介した平均値の不確かさを求めることができる。はじめに，$\displaystyle\sum_{i=1}^{n}(x_i - x_0)^2$ と $\displaystyle\sum_{i=1}^{n}(x_i - \overline{x})^2$ との関係を調べてみる。ここで，x_0 は無限回測定したときの期待値，$\overline{x}$ は n 回測定したときの期待値（平均値）であり，$\varepsilon_i = x_i - x_0, \delta_i = x_i - \overline{x}$ と定義されている。

$$\varepsilon_i = x_i - x_0 = x_i - \overline{x} + \overline{x} - x_0 = \delta_i + (\overline{x} - x_0)$$

の 2 乗和は

$$\sum_{i=1}^{n}\varepsilon_i{}^2 = \sum_{i=1}^{n}\delta_i{}^2 + 2(\overline{x} - x_0)\sum_{i=1}^{n}\delta_i + n(\overline{x} - x_0)^2$$
$$= \sum_{i=1}^{n}\delta_i{}^2 + n(\overline{x} - x_0)^2 \tag{2.57}$$

となる。ここで，$\displaystyle\sum_{i=1}^{n}\delta_i$ は，平均との差の和なので 0 になる。また，第 3 項の括弧は

$$(\overline{x} - x_0)^2 = \left(\frac{1}{n}\sum_{i=1}^{n}x_i - x_0\right)^2 = \frac{1}{n^2}\left(\sum_{i=1}^{n}x_i - nx_0\right)^2 = \frac{1}{n^2}\left\{\sum_{i=1}^{n}(x_i - x_0)\right\}^2$$
$$= \frac{1}{n^2}\left(\sum_{i=1}^{n}\varepsilon_i\right)\left(\sum_{j=1}^{n}\varepsilon_j\right) = \frac{1}{n^2}\left\{\left(\sum_{i=1}^{n}\varepsilon_i\right)^2 + \left(\sum_{i=1}^{n}\sum_{j=1\neq i}^{n}\varepsilon_i\varepsilon_j\right)\right\}$$
$$= \frac{1}{n^2}\left(\sum_{i=1}^{n}\varepsilon_i\right)^2 \tag{2.58}$$

ここで，2 段目の式の ε_i と ε_j の積の和は互いに関係がないので 0 と近似している。(2.58) 式を (2.57) 式の右辺第 2 項に代入して次の関係式を得る。

$$\sum_{i=1}^{n}\varepsilon_i{}^2 = \sum_{i=1}^{n}\delta_i{}^2 + \frac{1}{n}\sum_{i=1}^{n}\varepsilon_i{}^2$$
$$\frac{1}{n}\sum_{i=1}^{n}\varepsilon_i{}^2 = \frac{1}{n-1}\sum_{i=1}^{n}\delta_i{}^2 \tag{2.59}$$

さて，物理量 X の平均値 $\overline{x}$ は以下の式で求められる。

$$\overline{x} = \frac{x_1 + x_2 \cdots + x_i}{n} \tag{2.60}$$

1 回ごとの測定が互いに独立であるため，$w = f(x, y, z, \cdots) = ax + by + cz \cdots$ において $a = b = c = \cdots = \dfrac{1}{n}$，$\Delta x = \varepsilon_1 = x_1 - x_0$，$\Delta y = \varepsilon_2 = x_2 - x_0$，$\Delta z = \varepsilon_3 = x_3 - x_0, \cdots$ と

すると，w は $\overline{x}$ に相当する。平均値 $\overline{x}$ の合成された実験標準偏差（合成標準不確かさ）$\sigma_{\overline{x}}$ は，(2.59) の関係式を利用すると，

$$\sigma_{\overline{x}} = \sqrt{\sum_{i=1}^{n}\left\{\left(\frac{1}{n}\right)^2 (\varepsilon_i)^2\right\}} = \frac{1}{\sqrt{n}}\sqrt{\frac{1}{n}\sum_{i=1}^{n}\varepsilon_i{}^2} = \frac{1}{\sqrt{n}}\sqrt{\frac{1}{n-1}\sum_{i=1}^{n}\delta_i{}^2}$$

$$= \frac{\sigma_x}{\sqrt{n}}$$

となり，(2.9) 式が成り立つことがわかる。

3   数値の取り扱い方

3.1   実験値の表し方

　一般に，実験で計測した結果は数値と単位で示す。**無次元の場合を除いて必ず単位を付記する必要がある。**実験レポートのミスの大半が単位を忘れている場合である。

　厳密に言えば，実験値をどの桁位まで記すかは不確かさを求めた後に決まる。たとえば，振り子の周期 T の平均値を求めたら 103.36 s と得られ，その不確かさ ΔT が 0.3 s であったとする。この場合は，T の値を不確かさの桁まで残して四捨五入し，

$$T = 103.4 \pm 0.3 \text{ s} \tag{2.61}$$

と記す。なお，**単位に括弧を付ける必要はない。**10 のべき乗を用いて表すときは，

悪い表現

$$T = 1.034 \times 10^2 \pm 3 \times 10^{-1} \text{ s}$$

とするのではなく，不確かさの量自体の桁に揃えて

$$T = (1.034 \pm 0.003) \times 10^2 \text{ s}$$

と記す。なお，

$$T = 1.034(3) \times 10^2 \text{ s}$$

のように，不確かさの桁まで書いて不確かさを ( ) に付記する表記法もある。

　(2.61) 式のように不確かさを表現する場合の他に，次のように測定値に対して不確かさを**相対的**に表す場合がある。

$$\text{不確かさの相対値} = \frac{\text{不確かさの絶対値}}{\text{平均値}} \tag{2.62}$$

この相対不確かさは 100 を掛けてパーセント表示しても良い。精度の良さを表すのにはこの不確かさの相対値が都合がいい。この**不確かさの相対値は無次元の値**である。たとえば，同じ 0.1 cm の不確かさでも，測定値が 5.0 cm の場合と 12.0 cm では意味が違うことになる。

$$5.0\,\text{cm の相対不確かさ} = \frac{0.1\,\text{cm}}{5.0\,\text{cm}} = 0.02 = 2\%$$

$$12.0\,\text{cm の相対不確かさ} = \frac{0.1\,\text{cm}}{12.0\,\text{cm}} = 0.00833 \cong 0.8\%$$

3.2　有効数字

　測定値は不確かさを含むため，有効数字や位どりを考えて計算する必要がある。電卓等で計算した結果の全ての桁を書いても意味がなく，**有効数字**を使って表す必要がある。**電卓で計算した桁を全て記載した実験レポートを書く人が多くいるが，そのようなレポートは受領されることはない。**

　たとえば，1 mm の目盛りが付いた定規で鉛筆の長さを測ることを考える。鉛筆の長さは定規の目盛りの 10 cm と 3 mm よりも少し長かったとする。定規の目盛りを読み取る場合，**通常は最小目盛りの 1/10 まで目分量で読み取る**。0.1 mm の桁位を目分量で読んで 0.2 mm と判断したとする。このとき，鉛筆の長さ L は有効数字 4 桁で $L = 103.2$ mm と表現する。上位 3 桁の 103 は信頼できる値であり，末尾の 0.1 位は不確かさを含む。この様に，**有効数字とは，信頼できる上位の桁位の数値と不確かさを含む末尾の桁位から表現される数値である。**10 cm と 10.0 cm とでは意味が違ってくる。前者は，1 の位に不確かさがあり，後者は 0.1 の位に不確かさがあるので，後者の方が精度の高いことを意味している。大きな値や小さな値を 1.53×10^6，-6.359×10^{-9} などと [仮数][× 10 のべき乗] で表現する場合，仮数が有効数字を示す。この場合は，仮数の 1.53 が有効数字 3 桁，6.359 が有効数字 4 桁を示す。また，0.00000689 などの小さな数の場合，**小数点以下の連続する 0 は有効数字ではなく**，0 以外の数の桁が有効数字である。この例では 689 の 3 桁が有効数字である。具体的な有効数字の例を以下に示す。不確かさを持つ桁位にの上には点が記してある。

有効数字	例		
1 桁	$\dot{5}$	$\dot{6} \times 10^6$	$0.0\dot{2}$
2 桁	$4.\dot{0}$	$6.\dot{3} \times 10^{-3}$	$0.06\dot{8}$
3 桁	$55.\dot{1}$	$23.\dot{6} \times 10^2$	$0.050\dot{8}$

　以下では，有効数字の末尾の桁位に ±1 程度の不確かさがあると仮定し，有効数字で表された測定値の計算例を示す。

3.3　加算

　加減算の場合は，各項の不確かさがそのまま計算結果に波及する。加算の場合は，小数点を揃えて最後の桁の位どりが最も高いものに合わせて計算を行う必要がある。有効数字の末尾の桁位が揃っているときは通常の計算とかわりがないが，末尾の桁位が揃っていないときには注意が必要である。そのような例として，有効数字 3 桁の 17.3 と有効数字 3 桁の 0.476 の加算を考える。普通の計算では A に示すような計算を行うが，有効数字を考慮した計算は B のようになる。不確かさを含む桁の上には点を記してある。有効数字 17.3 の末尾の桁位（0.1 の位）には不確かさがあるので，0.476 の 0.1 の位の 4（信頼できる値）との和 7 は不確かな値となる。17.3 の 0.01 の位が不確かな値となるので，0.01 の位の結果も不確かな値になる。0.001 の位は計算する意味はない。不確かな最上桁位は 0.1 の位であるので，**0.01 の位の 7 を四捨五入して**，有効数字 3 桁

の 17.8 という結果を得る。

```
     A                          B

   1 7 . 3                    1 7 . 3̇
+)   0 . 4 7 6            +)     0 . 4 7 6̇
  ───────────              ───────────
   1 7 . 7 7 6               1 7 . 7 7̸̇
                          ∴  1 7 . 8̇
```

　この場合の不確かさを伝搬公式で考えてみる。17.3 の不確かさは 0.1，0.476 の不確かさは 0.001 と見積もれるので，和の不確かさは，$|0.1| + |0.001| \sim 0.1$ となる。したがって，小数第 1 位に不確かさがあるので，和 17.776 の小数第 2 位を四捨五入して有効数字 3 桁の 17.8 という同じ結果を得る。筆算することは少ないので，伝搬公式の方が便利である。

3.4　減算

　減算の場合も加算の場合と同様に小数点を揃えて最後の桁の位どりが最も高いものに合わせて計算を行う。以下の A に示すように，有効数字の末尾の桁位が揃っているときは通常の計算とかわりがないので簡単であるが，**同じ程度の値の減算の場合は有効数字が著しく小さくなる場合がある**。たとえば，以下の B のように，有効数字 4 桁の 142.8 と有効数字 4 桁の 142.3 の減算の場合は，有効数字 1 桁の 0.5 となってしまう。A の場合は有効数字が 4 桁であるが，B の場合は 2 桁になっていることに注意する必要がある。有効数字の末尾の桁位が揃っていない場合の例として，有効数字 4 桁の 5.361 と有効数字 2 桁の 2.5 の減算を C に示す。有効数字 2 桁の 2.5 の不確かな桁位は 0.1 の位なので，5.361 の 0.1 の位の 3（信頼できる値）から 2.5 の 0.1 の位の不確かな値 5 を引いて 8 という不確かな値を得る。0.01 の位の和 6 は，既に 0.1 の位が不確かなために 0.01 の位も当然不確かになる。0.001 の位は計算する意味はない。不確かな最上桁位は 0.1 の位であるので，**0.01 の位の 6 を四捨五入**して，有効数字 2 桁の 2.9 という結果を得る。

```
    A                    B                      C

   1 4 2 . 8̇          1 4 2 . 8̇             5 . 3 6 1̇
-)   2 5 . 2̇       -) 1 4 2 . 3̇          -) 2 . 5̇
  ───────────         ───────────            ───────────
   1 1 7 . 6̇             0 . 5̇              2 . 8 6̸̇
                                            ∴ 2 . 9̇
```

　この場合の不確かさを伝搬公式で考えてみる。A の場合，142.8 の不確かさは 0.1，25.2 の不確かさは 0.1 と見積もれるので，差の不確かさは，$|0.1| + |0.1| \sim 0.2$ となる。したがって，小数第 1 位に不確かさがあるので，有効数字 4 桁の 117.6 となる。B の場合，142.8 の不確かさは 0.1，142.3 の不確かさは 0.1 と見積もれるので，差の不確かさは，$|0.1| + |0.1| \sim 0.2$ となる。したがって，小数第 1 位に不確かさがあるので，有効数字 1 桁の 0.5 となる。C の場合，5.361 の不確かさは 0.001，2.5 の不確かさは 0.1 と見積もれるので，差の不確かさは，$|0.001| + |0.1| \sim 0.1$ となる。したがって，小数第 1 位に不確かさがあるので，有効数字 2 桁の 2.9 となる。

3.5 乗除算

乗除算の場合は，(2.25) 式より，相対的な不確かさが計算に影響する。例として，有効数字 4 桁の 51.76 と有効数字 2 桁の 26 の乗算 51.76×26 を考えよう。両方の値の最後の位の値に ± 1 程度の不確かさがある場合，有効数字の少ない 26 の桁数，つまり 2 桁か，あるいはせいぜい 3 桁が積の値の有効数字と予想される。

普通の計算方法では A のようになるが，有効数字の計算では B のような省略算を行えばよい。まず，上段の 51.76 の 0.01 の位を四捨五入して 51.8 として有効数字を 3 桁にし，下段の上位の数字の 2 との乗算を行う。次に下段の下位の数字 6 と掛けるときには 51.8 をさらに四捨五入して 52 とする。1036 と 312 を足し合わせて，4 桁目の 8 を四捨五入して 1.35×10^3 とする。

```
A                             B          2   8
        5 1. 7 6                     5   1̸. 7̸ 6̸
   ×)         2 6              ×)     2   6
   ─────────────────          ──────────────────────
        3 1 0 5 6                 1   0   3   6  …51.8̇×20
   +) 1 0 3 5 2               +)          3 1 2  …52×6̇
   ─────────────────          ──────────────────────
     1 3 4 5. 7 6                             5
                                 1   3   4̸  8̸  ⇒ 1.35 × 10³
```

電卓などで計算する場合は，**有効数字の末尾の桁位に ± 1 を考慮したときの最大値と最小値を計算し，それらの値と普通に計算した値の差を調べる**。51.76×26 の場合は表 2.2 に示すように，普通に計算した値と不確かさを考慮したときの上限，下限との差がそれぞれ 52.03, 52.01 となるので，約 52 が不確かさとなることがわかり，51.76×26 の値の有効数字は 3 桁で良いと判断できる。したがって，4 桁目の 5 を四捨五入して有効数字 3 桁の $\underline{1.35 \times 10^3}$ を得る。この方法によって有効数字の桁数を簡単に見積もることができる。参考までに，$w = f(x, y) = x \times y$ において $x = 51.76, \Delta x = 0.01, y = 26, \Delta y = 1$ として (2.49) 式の不確かさ伝播式を使って w の不確かさ Δw の計算を行った結果を最下行に記してある。直接計算による差の約 52 と $|\Delta w|$ はほぼ同じ値になることがわかる。

表 2.2 掛け算の計算例

不確かさを考慮した上限	$(51.76 + 0.01) \times (26 + 1)$	=	1397.79
			⇕ 差 52.03
普通に計算した値	51.76×26	=	$134\dot{5}.\dot{7}6 \cong \underline{1.35 \times 10^3}$
			⇕ 差 52.01
不確かさを考慮した下限	$(51.76 - 0.01) \times (26 - 1)$	=	1293.75
$\|\Delta w\| = \|y\Delta x\| + \|x\Delta y\|$	$= \|0.26\| + \|51.76\|$	=	52.02

次に，割り算の例として有効数字 5 桁の 1567.3 を有効数字 3 桁の 267 で割る場合を考えてみよう。掛け算の場合と同様に，不確かさを直接足したり引いたりした場合の結果を表 2.3 に示す。商の値の不確かさが約 0.02 なので，小数第 2 位に不確かさが現れることがわかる。したがって，

小数第 3 位を四捨五入し，有効数字 3 桁の 5.87 が結果となる。

　割り算の場合に注意することは，不確かさを考慮した上限の計算では，分母の数値は不確かさを引いた値を用いることである。参考までに，$w = f(x, y) = x \div y$ において $x = 1567.3, \Delta x = -0.1, y = 267, \Delta y = 1$ として (2.49) 式の不確かさ伝播式を使って w の不確かさ Δw の計算を行った結果を最下行に記してある。直接計算による差と $|\Delta w|$ はほぼ同じ値になることがわかる。

表 2.3　割り算の計算例

不確かさを考慮した上限	$(1567.3 + 0.1) \div (267 - 1)$	$=$	$5.89248 \cdots$
			↕ 差 0.0224 $\cdots$
普通に計算した値	$1567.3 \div 267$	$=$	$5.87003 \cdots \cong 5.87$
			↕ 差 0.0222 $\cdots$
不確かさを考慮した下限	$(1567.3 - 0.1) \div (267 + 1)$	$=$	$5.84776 \cdots$

$$|\Delta w| = \left| \frac{1}{y} \Delta x \right| + \left| \frac{-x}{y^2} \Delta y \right| \cong \left| 3.7 \times 10^{-4} \right| + \left| -2.2 \times 10^{-2} \right| \cong 0.022 \cdots$$

　次に，円周率 π や平方根 $\sqrt{2}$ などの無理数の定数と測定量との乗除算について考える。物理学実験で計測する物理量の有効数字は多くても 5 桁程度であるのに対して，電卓やパソコンで計算できる円周率や無理数の定数の桁は 10 桁程度もあるので，円周率や無理数の定数を有限の桁の数値で近似することによる不確かさは十分小さいとして無視できる。したがって，測定値と π や $\sqrt{2}$ との乗除算では，測定値のみの不確かさを考察すればよい。

3.6　関数の計算方法

　乗除算の節で紹介した方法を関数の計算に対して適応してみる。例として，関数 $w = \cos x$ に対して，$x = 70.0°$ の角度に $\Delta x = 0.1°$ の不確かさがある場合 の値を求めてみる。$\cos$ は $70.0°$ 付近で減少関数であるから，上限は $\cos(70.0° - 0.1°)$，下限は $\cos(70.0° + 0.1°)$ である。これらの値と $\cos(70.0°)$ との差はどちらも 0.0016 程度であるから，小数第 3 位から不確かさが現れることがわかる。したがって，小数第 4 位を四捨五入して，有効数字 3 桁の 0.342 となる。参考までに，(2.49) 式の不確かさ伝播式を使って関数値の不確かさ計算を行った結果を最下行に記してある。直接計算による差と $|\Delta w|$ はほぼ同じ値になることがわかる。

　次に，$x = 88.5°$ の角度に関して，$\Delta x = 0.1°$ の不確かさがある場合の $w = \tan x$ の値を求めてみる。$\tan$ は引数が $90°$ で発散するため，$90°$ 近傍では**わずかな角度の変化で関数値が大きく変わる**。表に示すように，± 0.1 の変化で 1 の位に不確かさが約 ± 2 あることになる。小数第 1 位を四捨五入して，有効数字 2 桁の 38 となる。参考までに，(2.49) 式の不確かさ伝播式を使って関数値の不確かさ計算を行った結果を最下行に記してある。この場合も，直接計算による差と $|\Delta w|$ はほぼ同じ値になることがわかる。

表 2.4　$\cos(x)$ の計算例

不確かさを考慮した上限	$\cos(70.0° - 0.1°)$	$= 0.3436596\cdots$
		$\updownarrow$ 差 $0.001639\cdots$
普通に計算した値	$\cos(70.0°)$	$= 0.34\overset{\cdot}{2}0\overset{\cdot}{2}01\cdots \cong \underset{\sim}{0.342}$
		$\updownarrow$ 差 $0.001640\cdots$
不確かさを考慮した下限	$\cos(70.0° + 0.1°)$	$= 0.3403795\cdots$
$|\Delta w| = \left| \dfrac{\partial f}{\partial x}\Delta x \right|$	$= \left| -\sin 70° \times \dfrac{0.1}{180}\pi \right|$	$= 0.0016400\cdots$

表 2.5　$\tan(x)$ の計算例

不確かさを考慮した上限	$\tan(88.5° + 0.1°)$	$= 40.917\cdots$
		$\updownarrow$ 差 $2.72\cdots$
普通に計算した値	$\tan(88.5°)$	$= 38.\overset{\cdot}{1}88\cdots \cong \underset{\sim}{38}$
		$\updownarrow$ 差 $2.38\cdots$
不確かさを考慮した下限	$\tan(88.5° - 0.1°)$	$= 35.800\cdots$
$|\Delta w| = \left| \dfrac{1}{\cos^2 x}\Delta x \right|$	$= \left| \dfrac{1}{\cos^2 88.5°} \times \dfrac{0.1}{180}\pi \right|$	$= 2.54\cdots$

3.7　電卓および表計算ソフトの注意点

電卓も表計算ソフトも**不確かさを考慮した計算結果は表示しない**ので，計算結果を慎重に考える必要が有る。特に注意すべき点は，小数計算において不確かさとして表示すべき 0 が電卓には表示されないことを認識しておく必要が有る。その例を以下に示す。A は加算の場合で，小数第 2 位が 0 になるため，電卓では **17.8** と表示される。しかし，この場合の不確かさは，0.02 なので **17.80** と表示すべきである。B は減算の場合で，小数第 2 位と 3 位が 0 になるため，電卓では **25.3** と表示される。しかし，この場合の不確かさは，0.002 なので **25.300** と表示すべきである。電卓の表示を安直に実験ノート，レポートに記録してはいけない。

A

$$
\begin{array}{r}
1\ 7\ .\ 3\ \overset{\cdot}{3} \\
+)\quad 0\ .\ 4\ \overset{\cdot}{7} \\
\hline
\end{array}
$$

正しい表示	**1 7 . 8 $\overset{\cdot}{0}$**
電卓表示	1 7 . 8

0 が表示されない　　　　　　　↑

B

$$
\begin{array}{r}
2\ 5\ .\ 5\ 7\ \overset{\cdot}{3} \\
-)\quad 0\ .\ 2\ 7\ \overset{\cdot}{3} \\
\hline
\end{array}
$$

正しい表示	**2 5 . 3 0 $\overset{\cdot}{0}$**
電卓表示	2 5 . 3

0 が表示されない　　　　　　　↑　↑

第3章　グラフの描き方と最小二乗法

1　グラフの描き方

　自然科学や工学の研究・開発の中では，ある物理量 x の変化に対する別の物理量 y の変化を計測し，それをグラフとして表示することが一般的である。これらの計測では，x **は比較的制御しやすい物理量が選ばれる**。たとえば，金属の電気抵抗の温度係数を測定する実験では，温度を変化させながら金属の抵抗を測定するが，この際に制御しやすい物理量 x として温度を横軸として，各温度における抵抗 y を縦軸にとって測定結果をグラフに描くことになる。

　実験レポートに掲載するグラフは，報告する相手に見てもらうことを念頭にグラフを描く。グラフを描くときに注意すべき点を以下に示す。

- 横軸，縦軸の物理量を示すラベルを**単位**を含めて書く（図3.1参照）。ただし，国際単位系 (SI) では物理量を単位で割り算して無次元化した軸ラベルを書く約束になっており，化学分野ではこれが一般的である（図3.2参照）。
- 横軸，縦軸に数値スケールを書く。
- グラフの大きさは，測定結果の変化がわかりやすい大きさにする。
- 複数のデータを示す場合は，データを ●, ○, □, ◇, △ などの記号（凡例）で区別し，各データの記号の意味をグラフ中に示す。
- 図の番号と説明 (caption) を入れる

　一般に，どんな測定においても測定結果には不確かさが伴う。物理量 y の物理量 x に対する依存性を推測する場合，図3.3のように測定点を単純に線で結ぶようなことをしても意味がなく，図3.1のように測定点の近くを通る x と y の関係を表す直線（場合によっては曲線）を描くべきである。図3.1, 3.2, 3.3は二つの電池の内部抵抗を測定した実験データであるが，図3.3は**軸ラベルが無い，データの区別（凡例）が無い，図番号と説明が無い**という点も悪い。

　y の x に対する依存性の関数形が分かっている場合，もしくは予測できる場合，それが認識しやすいグラフを書く必要がある。たとえば，$y = ax + b$（a, b は定数）の場合，横軸，縦軸とも等間隔目盛のグラフ用紙に測定値を記入する。測定点が全体としてとおる直線の傾きと y 切片から a, b の値がわかる。この直線のひき方は，2節で説明する**最小二乗法**を用いることが望まれる。また，$y = ax^2$ の場合には，等間隔目盛のグラフ用紙を用いて，横軸に x^2，縦軸に y をとって測定値 $(x_i{}^2, y_i)$ をプロットすると，プロット点が直線にのることになる。この場合，横軸に x，縦軸に y をとって測定値 (x_i, y_i) をプロットして放物線の近似曲線を描くよりも，横軸に x^2，縦軸に y をとって測定値 $(x_i{}^2, y_i)$ をプロットして**原点を通る**直線を描いたグラフの方が良い。

　グラフ用紙には，一方の軸が対数目盛になっている**片対数グラフ** (図3.4)，両方の軸が対数

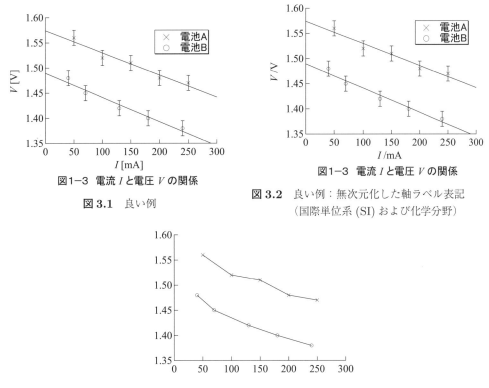

図1−3 電流 I と電圧 V の関係

図 3.1 良い例

図1−3 電流 I と電圧 V の関係

図 3.2 良い例：無次元化した軸ラベル表記
（国際単位系 (SI) および化学分野）

図 3.3 悪い例：軸ラベルがない，凡例がない，図番号がない，意味の無い折れ線。

目盛になっている**両対数グラフ** (図 3.5) がある。片対数グラフは物理量 x と物理量 y の間に $y = b \times 10^{ax}$ の関係がある場合に用いる。両辺の対数を取ると，$\log_{10} y = ax + \log_{10} b$ となるので，x と $\log_{10} y$ が線形の関係になる。両対数グラフは物理量 x と物理量 y の間に $y = bx^a$ の関係がある場合に用いる。両辺の対数を取ると，$\log_{10} y = a \log_{10} x + \log_{10} b$ となるので，$\log_{10} x$ と $\log_{10} y$ が線形の関係になる。なお，対数のメモリは 10 を底とした常用対数で 1 ずつ増えるので，主な刻みでの数値はたとえば $0.1, 1, 10, 100$ などのように 10 倍増えるように書く。なお，補助的な刻みも含めて書く場合は $0.1, 0.2, 0.3, 0.4, 0.5, 0.6, 0.7, 0.8, 0.9, 1, 2, 3, 4, 5, 6, 7, 8, 9,$ $10, 20, 30, 40, 50, 60, 70, 80, 90, 100$ などと書く。

2　最小二乗法

　最小二乗法とは不確かさが存在する計測値から最も確からしい値（**最適値**）を推察する方法である。ここでは，最小二乗法についての基礎，実際の応用例を解説する。なお，パソコンの表計算ソフトや関数電卓を用いて実験データの最小二乗解析を行う際には，ソフトや電卓のマニュアルの**回帰分布**に関係する項を参照する必要がある。

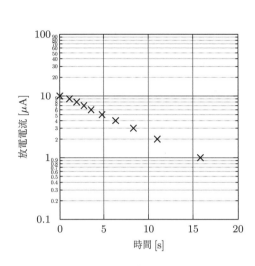

図 3.4　片対数グラフの例

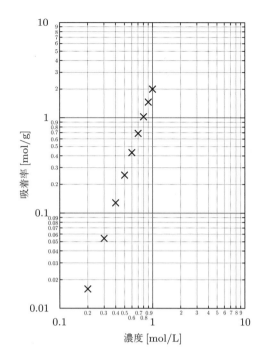

図 3.5　両対数グラフの例

2.1　最も簡単な最小二乗法

　まず簡単な例として，新品の鉛筆の長さをノギスで測定することを考える。鉛筆の端は完全に垂直に切断されているとは限らないので，ノギスのあて方によって測定値にばらつきがでる可能性がある。したがって，複数回測定してその平均値を鉛筆の長さと考えるのが最も合理的と考えられる。ここでは，最小二乗法の考え方でこれを解説する。

　n 回測定して，$x_1, x_2, \cdots, x_n$ の実測データを得たと仮定する。長さの不確かさは各回の測定で全て等しいと考えて良い。鉛筆の長さの推定値を L と表し，各実測データ $x_i\,(i = 1, \cdots, n)$ と L の差:$\delta_i = x_i - L$（**残差 residual**）の 2 乗和を

$$S(L) = \sum_{i=1}^{n} \delta_i{}^2 = \sum_{i=1}^{n} (x_i - L)^2 = L^2 n - 2L \sum_{i=1}^{n} x_i + \sum_{i=1}^{n} x_i{}^2 \tag{3.1}$$

と定義する。ここで，S は鉛筆の長さ L の関数であることに注意する。この $S(L)$ を最も小さくする L がその測定値の最も確からしい値（**最確値**）$\langle L \rangle$ と考えることができる。これが最小二乗法の考え方である。これを式で表現すると，$S(L)$ を L で微分すると 0 という式

$$\frac{dS(L)}{dL} = 2nL - 2\sum_{i=1}^{n} x_i = 2\left(nL - \sum_{i=1}^{n} x_i\right) = 0 \tag{3.2}$$

より次式を得る。

$$\langle L \rangle = \frac{1}{n} \sum_{i=1}^{n} x_i \tag{3.3}$$

ここで，$\dfrac{d^2 S(L)}{dL^2} = 2n > 0$ より，$S(L)$ は下に凸の曲線であることがわかり，$S(L)$ が $L = \langle L \rangle$ で最小値となることが保証される。これらの計算により，残差の 2 乗和が最小になるのは，**測定値の平均値**であることがわかる。

2.2 比例関係のある物理量の比例係数を求める場合 $y = f(x) = ax$

物理量 x と y に比例関係 $y = ax$ がある場合，この比例係数 a を求める。n 回 x と y を測定し，(x_i, y_i) の実測データの組 $(i = 1, \cdots, n)$ を得たとする。ただし，y_i の不確かさはすべて等しく，x は y に比べて十分精度よく計測することが可能で，x_i の不確かさは無視できると仮定する。各測定における y_i とそれに対応する理論的値 $y = f(x_i)$ との残差 $\delta_i = y_i - f(x_i)$ の 2 乗和は

$$
\begin{aligned}
S(a) &= \sum_{i=1}^{n} {\delta_i}^2 = \sum_{i=1}^{n} \left(y_i - f(x_i) \right)^2 = \sum_{i=1}^{n} \left(y_i - a x_i \right)^2 \\
&= a^2 \sum_{i=1}^{n} {x_i}^2 - 2a \sum_{i=1}^{n} x_i y_i + \sum_{i=1}^{n} {y_i}^2
\end{aligned}
\tag{3.4}
$$

である。ここで，S は比例係数 a の関数であることに注意する。$S(a)$ を最も小さくする a が比例係数の最確値 $\langle a \rangle$ である。したがって，$S(a)$ を a で微分した値は 0 になることから，

$$
\frac{dS(a)}{da} = 2a \sum_{i=1}^{n} {x_i}^2 - 2 \sum_{i=1}^{n} x_i y_i = 2 \left(a \sum_{i=1}^{n} {x_i}^2 - \sum_{i=1}^{n} x_i y_i \right) = 0
\tag{3.5}
$$

となり，次式を得る。

$$
\langle a \rangle = \frac{\displaystyle\sum_{i=1}^{n} x_i y_i}{\displaystyle\sum_{i=1}^{n} {x_i}^2}
\tag{3.6}
$$

ここで，$\dfrac{d^2 S(a)}{da^2} = 2 \sum_{i=1}^{n} {x_i}^2 > 0$ より，この場合でも $S(a)$ は下に凸の曲線であることがわかる。

2.3 線形関係のある物理量の係数を求める場合 $y = f(x) = ax + b$

次に物理量 x と y に線形関係 $y = ax + b$ がある場合の係数 a, b を求める。前節と同様に，n 回 x と y を測定し，(x_i, y_i) の実測データの組 $(i = 1, \cdots, n)$ を得たとする。また，y_i の不確かさはすべて等しく，x_i の不確かさは無視できると仮定する。各測定における y_i とそれに対応する理

論的値 $y = f(x_i)$ との残差 $\delta_i = y_i - f(x_i)$ の 2 乗和は

$$S(a,b) = \sum_{i=1}^{n} \delta_i{}^2 = \sum_{i=1}^{n} (y_i - f(x_i))^2 = \sum_{i=1}^{n} (y_i - ax_i - b)^2$$

$$= \sum_{i=1}^{n} y_i{}^2 + a^2 \sum_{i=1}^{n} x_i{}^2 + b^2 n \tag{3.7}$$

$$- 2a \sum_{i=1}^{n} x_i y_i + 2ab \sum_{i=1}^{n} x_i - 2b \sum_{i=1}^{n} y_i$$

となる。この場合，$S(a,b)$ は比例係数 a,b の二変数関数であることに注意する。$S(a,b)$ は最適値 $(\langle a \rangle, \langle b \rangle)$ において極値を取ることから，$S(a,b)$ を a,b でそれぞれ偏微分した値が 0 となり，

$$\begin{cases} \dfrac{\partial S(a,b)}{\partial a} = 2 \left(a \sum_{i=1}^{n} x_i{}^2 + b \sum_{i=1}^{n} x_i - \sum_{i=1}^{n} x_i y_i \right) = 0 \\[2ex] \dfrac{\partial S(a,b)}{\partial b} = 2 \left(a \sum_{i=1}^{n} x_i + bn - \sum_{i=1}^{n} y_i \right) = 0 \end{cases} \tag{3.8}$$

の条件式を得る。(3.8) の条件式は**正規方程式**と呼ばれている。さらに各々を a,b で偏微分すると，

$$\begin{cases} \dfrac{\partial^2 S(a,b)}{\partial a^2} = 2 \sum_{i=1}^{n} x_i{}^2 > 0 \\[2ex] \dfrac{\partial^2 S(a,b)}{\partial b^2} = 2n > 0 \end{cases}$$

となり，$S(a,b)$ は a-b 座標系の $(\langle a \rangle, \langle b \rangle)$ で最小となる下に凸の曲面であることがわかる。(3.8) の条件式を行列形式で表すと，

$$\begin{pmatrix} \sum x_i{}^2 & \sum x_i \\ \sum x_i & n \end{pmatrix} \begin{pmatrix} \langle a \rangle \\ \langle b \rangle \end{pmatrix} = \begin{pmatrix} \sum x_i y_i \\ \sum y_i \end{pmatrix} \tag{3.9}$$

となる。ただし，$\sum_{i=1}^{n}$ は $\sum$ と省略して表している。(3.9) の左辺の行列を $\triangle$ と定義し，その逆行列を求めて $\langle a \rangle, \langle b \rangle$ を計算すると，

$$\triangle \equiv \begin{pmatrix} \sum x_i{}^2 & \sum x_i \\ \sum x_i & n \end{pmatrix} \tag{3.10}$$

$$|\triangle| = n \sum x_i{}^2 - \left(\sum x_i \right)^2 \tag{3.11}$$

$$\begin{pmatrix} \langle a \rangle \\ \langle b \rangle \end{pmatrix} = \triangle^{-1} \begin{pmatrix} \sum x_i y_i \\ \sum y_i \end{pmatrix}$$

$$= \frac{1}{|\triangle|} \begin{pmatrix} n & -\sum x_i \\ -\sum x_i & \sum x_i{}^2 \end{pmatrix} \begin{pmatrix} \sum x_i y_i \\ \sum y_i \end{pmatrix}$$

$$= \frac{1}{|\triangle|} \begin{pmatrix} n \sum x_i y_i - \sum x_i \sum y_i \\ \sum x_i{}^2 \sum y_i - \sum x_i \sum x_i y_i \end{pmatrix},$$

となる。したがって，a, b についての最適値として次式を得る。

$$\langle a \rangle = \frac{n \sum x_i y_i - \sum x_i \sum y_i}{|\triangle|} = \frac{n \sum x_i y_i - \sum x_i \sum y_i}{n \sum x_i{}^2 - \left(\sum x_i \right)^2} \tag{3.12}$$

$$\langle b \rangle = \frac{\sum x_i{}^2 \sum y_i - \sum x_i \sum x_i y_i}{|\triangle|} = \frac{\sum x_i{}^2 \sum y_i - \sum x_i \sum x_i y_i}{n \sum x_i{}^2 - \left(\sum x_i \right)^2} \tag{3.13}$$

また，a, b の最適値は x_i, y_i の算術平均 $\bar{x} = \dfrac{\sum x_i}{n}, \bar{y} = \dfrac{\sum y_i}{n}$ を用いて以下の形でも表現できる。

$$\langle a \rangle = \frac{\frac{1}{n} \sum (x_i - \bar{x})(y_i - \bar{y})}{\frac{1}{n} \sum (x_i - \bar{x})^2}, \tag{3.14}$$

$$\langle b \rangle = \bar{y} - \langle a \rangle \bar{x}, \tag{3.15}$$

ここで，(3.14) 式に注目すると，分母は x_i と $\bar{x}$ の差の 2 乗和をデータ数 n で割った量であり，x_i の**標本分散 sample variance** と呼ばれる。また，分子は，x_i と $\bar{x}$ の差と y_i と $\bar{y}$ の差の積を n で割った量であり，**共分散 covariance** と呼ばれる量である。だだし，実際に計算を行う場合には，(3.12), (3.13) 式を用いる必要がある。それは，もし (3.14) 式の中にあるような引き算を実行すると，**桁落ちによる数値誤差**を生み出すからである。

(3.8) 式の下の式は

$$\frac{\partial S(a,b)}{\partial b} = -2 \sum_{i=1}^{n} \{ y_i - (ax_i + b) \} = -2 \sum_{i=1}^{n} \delta_i = 0$$

とも書けるので，残差の和が 0 がであることがわかる。また，(3.8) 式の上の式は

$$\frac{\partial S(a,b)}{\partial a} = -2 \sum_{i=1}^{n} x_i \{ y_i - (ax_i + b) \} = -2 \sum_{i=1}^{n} x_i \delta_i = 0$$

とも書けるので，$x_i \times$ 残差の和が 0 がであることがわかる。したがって，次式が成り立つ。

$$\sum_{i=1}^{n} \delta_i = 0 \tag{3.16}$$

$$\sum_{i=1}^{n} x_i \delta_i = 0 \tag{3.17}$$

問題　(3.15), (3.14) 式を導きなさい。

2.4　線形関係 $y = f(x) = ax + b$ に帰着できる場合

線形関係がある場合の最小二乗法は，以下の場合に応用できる。

- 指数関数の関係を持つ場合: $y = pe^{qx}$

　両辺の自然対数を取ると $\log_e y = qx + \log_e p$ となるので，$(x_i, \log_e y_i)$ に対する線形の最小二乗法から $(q, \log_e p)$ を得る。もしくは，両辺の常用対数を取ると，$\log_{10} y = (q \log_{10} e) \cdot x + \log_{10} p$ となるので，$(x_i, \log_{10} y_i)$ に対する線形の最小二乗法から $(q \log_{10} e, \log_{10} p)$ を得る。

- ベキ指数の関係を持つ場合: $y = px^q$

　両辺の常用対数を取ると，$\log_{10} y = q \log_{10} x + \log_{10} p$ となるので，$(\log_{10} x_i, \log_{10} y_i)$ に対する線形の最小二乗法から $(q, \log_{10} p)$ を得る。

- 対数関数の場合: $y = p \log_e x + q$

　$(\log_e x_i, y_i)$ に対する線形の最小二乗法から (p, q) を得る。もしくは，対数の底を 10 にすると，$y = p \dfrac{\log_{10} x}{\log_{10} e} + q$ となるので，$(\log_{10} x_i, y_i)$ に対する線形の最小二乗法から $(p/\log_{10} e, q)$ を得る。

3　一般的な最小二乗法

3.1　y が x のべき乗で表せる場合: $y = f(x) = \displaystyle\sum_{k=0}^{N-1} a_k x^k$

　次に線形関係 $y = ax + b$ の場合を拡張し，物理量 y が物理量 x のべき乗で理論的に表される場合を考える。理論式の 0 次から $N-1$ 次までのべき乗の係数を $(a_0, a_1, \cdots, a_{N-1})$ とする。線形関係の場合と同様に，n 回 x と y を測定し，(x_i, y_i) の実測データの組 $(i = 1, \cdots, n)$ を得たとする。未知の係数は N 個あるので，$n > N$ である必要がある。また，y_i の不確かさはすべて等しく，x_i の不確かさは無視できると仮定する。残差の 2 乗和 S は $(a_0, a_1, \cdots, a_{N-1})$ の関数であり，

$$S(\{a_j\}) = \sum_{i=1}^{n} {\delta_i}^2 = \sum_{i=1}^{n} (y_i - f(x_i))^2 = \sum_{i=1}^{n} \left(y_i - \sum_{k=0}^{N-1} a_k {x_i}^k \right)^2 \tag{3.18}$$

と定義できる。$(a_0, a_1, \cdots, a_{N-1})$ のパラメーター空間で S の最小値を求めるには，S の a_j 偏微分 $\dfrac{\partial S}{\partial a_j} = 0$ を $j = 0, 1, \cdots, N-1$ に対して連立すればよい。(3.18) 式を a_k で偏微分すると，

$$\frac{\partial S}{\partial a_j} = -2 \sum_{i=1}^{n} {x_i}^j \left(y_i - \sum_{k=0}^{N-1} a_k {x_i}^k \right) = 0 \tag{3.19}$$

を得る。(3.19) 式の括弧の中は残差 δ_i であるから，次式が成り立つ。

$$\sum_{i=1}^{n} {x_i}^j \delta_i = 0, (j = 0, 1, \cdots, N-1) \tag{3.20}$$

(3.19) 式を行列形式で示したのが次式である。

$$\begin{pmatrix} \sum x_i{}^0 & \sum x_i{}^1 & \cdots & \sum x_i{}^{N-1} \\ \sum x_i{}^1 & \sum x_i{}^2 & \cdots & \sum x_i{}^N \\ \vdots & \vdots & \ddots & \vdots \\ \sum x_i{}^{N-1} & \sum x_i{}^N & \cdots & \sum x_i{}^{2N-1} \end{pmatrix} \begin{pmatrix} a_0 \\ a_1 \\ \vdots \\ a_{N-1} \end{pmatrix} = \begin{pmatrix} \sum x_i{}^0 y_i \\ \sum x_i{}^1 y_i \\ \vdots \\ \sum x_i{}^{N-1} y_i \end{pmatrix} \tag{3.21}$$

ただし，$\displaystyle\sum_{i=1}^{n}$ は $\sum$ と省略して表しており，$\sum x_i{}^0 = n, \sum x_i{}^0 y_i = \sum y_i$ である。(3.21) 式の左辺の N 次行列の逆行列を左からかけて，S を最小にする $(\langle a_0 \rangle, \langle a_1 \rangle, \cdots, \langle a_{N-1} \rangle)$ が求まる。また，$\dfrac{\partial^2 S}{\partial a_j{}^2} = 2\displaystyle\sum_{i=1}^{n} x_i{}^{2j} > 0$ より，S は下に凸の超曲面であることがわかる。このように，y が x のべき乗の関数の場合は最小二乗法により**厳密に** $(a_0, a_1, \cdots, a_{N-1})$ の最適値が求まる。

問題 y が x の 2 次式 $f(x) = a + bx + cx^2$ で表せる場合，n 個の観測値 (x_i, y_i) より最小二乗法を用いて a, b, c を決定せよ。

4 最小二乗法で推定された未知定数の不確かさ

一般に，測定量には不確かさが存在する。したがって，**最小二乗法で推定された未知定数（最適値）にも測定量の不確かさに由来する不確かさが存在するはず**である。この節では，最適値の不確かさをどの様に見積もるかを解説する。

4.1 比例関係 $y = ax$ の未知数 a の不確かさ

最小二乗法で推定した最適値 $\langle a \rangle$ を測定量 y_i の和として展開する。

$$\langle a \rangle = \alpha_1 y_1 + \alpha_2 y_2 + \cdots + \alpha_n y_n \tag{3.22}$$

ここで，係数 $\alpha_j \, (j = 1, \cdots, n)$ は，

$$\alpha_j = \frac{x_j}{\sum x_i{}^2}, \tag{3.23}$$

となり，この係数が物理量 x の測定値 $x_1, \cdots, x_n$ のみに依存して $y_1, \cdots, y_n$ には依存しないことがわかる。ここで，x が y に比べて十分精度よく測定できる場合を考える。この場合，α_j は物理量 x の測定値 $x_1, \cdots, x_n$ のみを含むので，これらの値の不確かさは測定値 $y_1, \cdots, y_n$ の不確かさよりも十分小さいといえる。したがって，$\langle a \rangle$ の標準偏差を $\sigma_{\langle a \rangle}$ とすると，これらの値は $y_1, \cdots, y_n$ の標準偏差 $\sigma_{y_1}, \cdots, \sigma_{y_n}$ のみに依存することになる。ここで，不確かさの伝播法則より，$\sigma_{\langle a \rangle}$ は $\sigma_{y_1}, \cdots, \sigma_{y_n}$ を用いて，

$$\sigma_{\langle a \rangle} = \sqrt{\left(\frac{\partial \langle a \rangle}{\partial y_1} \sigma_{y_1}\right)^2 + \cdots + \left(\frac{\partial \langle a \rangle}{\partial y_n} \sigma_{y_n}\right)^2} = \sqrt{(\alpha_1 \sigma_{y_1})^2 + \cdots + (\alpha_n \sigma_{y_n})^2} \tag{3.24}$$

と書ける。ここで，測定値 y_i の不確かさがすべて同じ場合には，標準偏差 $\sigma_{y_1}, \cdots, \sigma_{y_n}$ はすべて等しい値 σ_y で置き直すことができるので，(3.24) 式は，

$$\sigma_{\langle a \rangle} = \sqrt{\sum_{j=1}^{n} {\alpha_j}^2} \times \sigma_y \tag{3.25}$$

となる。(3.23) 式より，α_j の 2 乗和を計算すると，次式が得られる。

$$\sum_{j=1}^{n} {\alpha_j}^2 = \sum_{j=1}^{n} \frac{{x_j}^2}{\left(\sum_{i=1}^{n} {x_i}^2 \right)^2} = \frac{\sum_{j=1}^{n} {x_j}^2}{\left(\sum_{i=1}^{n} {x_i}^2 \right)^2} = \frac{1}{\sum_{i=1}^{n} {x_i}^2} \tag{3.26}$$

(3.26) の計算では，$\sum_{i=1}^{n} {x_i}^2 = \sum_{j=1}^{n} {x_j}^2$ を用いている。したがって，(3.26) 式を (3.25), 式に代入すると次式が得られる。

$$\sigma_{\langle a \rangle} = \frac{\sigma_y}{\sqrt{\sum {x_i}^2}} \tag{3.27}$$

ただし，$\sum_{i=1}^{n} = \sum$ と省略して表している。

(3.25), (3.27) 式において，物理量 y の標準偏差 σ_y の値は，統計学によると，未知の定数が a のみの場合は，残差 $\delta_i = y_i - f(x_i) = y_i - (\langle a \rangle x_i)$ の 2 乗和を用いて，

$$\sigma_y = \sqrt{\frac{\sum {\delta_i}^2}{n-1}} \tag{3.28}$$

と表される。ここで，残差の 2 乗和は，

$$\begin{aligned}
\sum {\delta_i}^2 &= \sum \left\{ y_i - \langle a \rangle x_i \right\}^2 \\
&= \sum {y_i}^2 - 2\langle a \rangle \sum x_i y_i + \langle a \rangle^2 \sum {x_i}^2 \\
&= \sum {y_i}^2 - \frac{\left(\sum x_i y_i \right)^2}{\sum {x_i}^2}
\end{aligned} \tag{3.29}$$

となり，(3.28), (3.29) 式を (3.26) 式に代入すると，未知定数の最確値 $\langle a \rangle$ の不確かさ $\sigma_{\langle a \rangle}$ として次式を得る。

$$\sigma_{\langle a \rangle} = \sqrt{\frac{\sum {x_i}^2 \sum {y_i}^2 - \left(\sum x_i y_i \right)^2}{(n-1) \left(\sum {x_i}^2 \right)^2}} \tag{3.30}$$

4.2 線形関係 $y = ax + b$ の未知数 a, b の不確かさ

前節と同様に，最小二乗法で推定した最適値 $\langle a \rangle, \langle b \rangle$ を測定量 y_i の和として展開する。

$$\langle a \rangle = \alpha_1 y_1 + \alpha_2 y_2 + \cdots + \alpha_n y_n \tag{3.31}$$

$$\langle b \rangle = \beta_1 y_1 + \beta_2 y_2 + \cdots + \beta_n y_n \tag{3.32}$$

ここで，係数 $\alpha_j, \beta_j \, (j = 1, \cdots, n)$ はそれぞれ，

$$\alpha_j = \frac{nx_j - \left(\sum x_i\right)}{|\triangle|} = \frac{nx_j - \left(\sum x_i\right)}{n\sum x_i{}^2 - \left(\sum x_i\right)^2}, \tag{3.33}$$

$$\beta_j = \frac{\sum x_i{}^2 - \left(\sum x_i\right)x_j}{|\triangle|} = \frac{\sum x_i{}^2 - \left(\sum x_i\right)x_j}{n\sum x_i{}^2 - \left(\sum x_i\right)^2} \tag{3.34}$$

となり，これらの量が物理量 x の測定値 $x_1, \cdots, x_n$ のみに依存して $y_1, \cdots, y_n$ には依存しないことがわかる。ここで，x が y に比べて十分精度よく測定できる場合を考える。この場合，α_j, β_j は物理量 x の測定値 $x_1, \cdots, x_n$ のみを含むので，これらの値の不確かさは測定値 $y_1, \cdots, y_n$ の不確かさよりも十分小さいといえる。したがって，$\langle a \rangle, \langle b \rangle$ の標準偏差をそれぞれ $\sigma_{\langle a \rangle}, \sigma_{\langle b \rangle}$ とすると，これらの値は $y_1, \cdots, y_n$ の標準偏差 $\sigma_{y_1}, \cdots, \sigma_{y_n}$ のみに依存することになる。ここで，不確かさの伝播法則より，$\sigma_{\langle a \rangle}, \sigma_{\langle b \rangle}$ は $\sigma_{y_1}, \cdots, \sigma_{y_n}$ を用いて，

$$\sigma_{\langle a \rangle} = \sqrt{\left(\frac{\partial \langle a \rangle}{\partial y_1}\sigma_{y_1}\right)^2 + \cdots + \left(\frac{\partial \langle a \rangle}{\partial y_n}\sigma_{y_n}\right)^2} \tag{3.35}$$

$$= \sqrt{\left(\alpha_1 \sigma_{y_1}\right)^2 + \cdots + \left(\alpha_n \sigma_{y_n}\right)^2} \tag{3.36}$$

$$\sigma_{\langle b \rangle} = \sqrt{\left(\frac{\partial \langle b \rangle}{\partial y_1}\sigma_{y_1}\right)^2 + \cdots + \left(\frac{\partial \langle b \rangle}{\partial y_n}\sigma_{y_n}\right)^2} \tag{3.37}$$

$$= \sqrt{\left(\beta_1 \sigma_{y_1}\right)^2 + \cdots + \left(\beta_n \sigma_{y_n}\right)^2} \tag{3.38}$$

と書ける。ここで，測定値 y_i の不確かさがすべて同じ場合には，標準偏差 $\sigma_{y_1}, \cdots, \sigma_{y_n}$ はすべて等しい値 σ_y で置き直すことができるので，(3.36), (3.38) 式は，それぞれ，

$$\sigma_{\langle a \rangle} = \sqrt{\sum_{j=1}^{n} \alpha_j{}^2} \times \sigma_y \tag{3.39}$$

$$\sigma_{\langle b \rangle} = \sqrt{\sum_{j=1}^{n} \beta_j{}^2} \times \sigma_y \tag{3.40}$$

となる。(3.33), (3.34) 式より，α_j, β_j の 2 乗和を計算すると，次式が得られる。

$$\sum_{j=1}^{n} \alpha_j{}^2 = \frac{1}{|\triangle|^2} \sum_{j=1}^{n} \left\{ nx_j - \left(\sum_{i=1}^{n} x_i\right) \right\}^2$$

$$= \frac{1}{|\triangle|^2} \left\{ n^2 \sum_{j=1}^{n} x_j{}^2 - 2n\left(\sum_{i=1}^{n} x_i\right)\left(\sum_{j=1}^{n} x_j\right) + n\left(\sum_{i=1}^{n} x_i\right)^2 \right\}$$

$$= \frac{n}{|\triangle|^2} \left\{ n\sum_{j=1}^{n} x_j{}^2 - \left(\sum_{i=1}^{n} x_i\right)^2 \right\}$$

$$= \frac{n}{|\triangle|} \tag{3.41}$$

$$\sum_{j=1}^{n} {\beta_j}^2 = \frac{1}{|\triangle|^2} \sum_{j=1}^{n} \left\{ \sum_{i=1}^{n} {x_i}^2 - \left(\sum_{i=1}^{n} x_i \right) x_j \right\}^2$$

$$= \frac{1}{|\triangle|^2} \left\{ n \left(\sum_{i=1}^{n} {x_i}^2 \right)^2 - 2 \left(\sum_{i=1}^{n} {x_i}^2 \right) \left(\sum_{i=1}^{n} x_i \right) \left(\sum_{j=1}^{n} x_j \right) + \left(\sum_{i=1}^{n} x_i \right)^2 \left(\sum_{j=1}^{n} {x_j}^2 \right) \right\}$$

$$= \frac{\displaystyle\sum_{i=1}^{n} {x_i}^2}{|\triangle|^2} \left\{ n \left(\sum_{i=1}^{n} {x_i}^2 \right) - \left(\sum_{i=1}^{n} x_i \right)^2 \right\}$$

$$= \frac{\displaystyle\sum_{i=1}^{n} {x_i}^2}{|\triangle|} \tag{3.42}$$

(3.41) (3.42) の計算では，$\displaystyle\sum_{i=1}^{n} x_i = \sum_{j=1}^{n} x_j, \sum_{i=1}^{n} {x_i}^2 = \sum_{j=1}^{n} {x_j}^2$ と (3.11) 式を用いている。したがって，(3.41), (3.42) 式を (3.39), (3.40) 式に代入すると次式が得られる。

$$\sigma_{\langle a \rangle} = \sqrt{\frac{n}{|\triangle|}} \times \sigma_y = \sqrt{\frac{n}{n \sum {x_i}^2 - \left(\sum x_i \right)^2}} \times \sigma_y \tag{3.43}$$

$$\sigma_{\langle b \rangle} = \sqrt{\frac{\sum {x_i}^2}{|\triangle|}} \times \sigma_y = \sqrt{\frac{\sum {x_i}^2}{n \sum {x_i}^2 - \left(\sum x_i \right)^2}} \times \sigma_y \tag{3.44}$$

ただし，$\displaystyle\sum_{i=1}^{n} = \sum$ と省略して表している。

(3.39), (3.40), (3.43), (3.44) 式において，物理量 y の標準偏差 σ_y の値は，統計学によると，未知の定数が a, b 2 個の場合は，残差 $\delta_i = y_i - f(x_i) = y_i - (\langle a \rangle x_i + \langle b \rangle)$ の 2 乗和を用いて，

$$\sigma_y = \sqrt{\frac{\sum {\delta_i}^2}{n-2}} \tag{3.45}$$

と表される。したがって，未知定数の最確値 $\sigma_{\langle a \rangle}, \sigma_{\langle b \rangle}$ の不確かさが，(3.43), (3.44), (3.45) 式より求めることができる。

ここで，直接測定の標準偏差 σ_x と比べて，平方根の中の分母が $n-1$ ではなく $n-2$ になっていることに注意する必要がある。一般に，測定点の数が n，未知の定数の数が $a_0, a_1, \cdots, a_{N-1}$ の N 個の場合，(3.45) 式は

$$\sigma_y = \sqrt{\frac{\sum {\delta_i}^2}{n-N}} \tag{3.46}$$

となり，分母が (測定データ数) − (決定すべき未知定数の数) となっている。

$f(x) = ax + b$ の場合，(3.14), (3.15) 式を (3.7) 式に代入すると，残差の 2 乗和は，

$$\sum {\delta_i}^2 = \sum \left\{ y_i - (\langle a \rangle x_i + \langle b \rangle) \right\}^2$$

$$= \sum \left\{ (y_i - \bar{y}) - \langle a \rangle (x_i - \bar{x}) \right\}^2$$

$$= \sum (y_i - \bar{y})^2 - 2\langle a \rangle \sum (x_i - \bar{x})(y_i - \bar{y}) + a^2 \sum (x_i - \bar{x})^2 \tag{3.47}$$

となる。ここで，(3.14) 式の関係

$$\langle a \rangle = \frac{\sum (x_i - \bar{x})(y_i - \bar{y})}{\sum (x_i - \bar{x})^2}$$

を用いると，

$$\sum \delta_i{}^2 = \sum (y_i - \bar{y})^2 - \langle a \rangle^2 \sum (x_i - \bar{x})^2$$

$$= \sum (y_i - \bar{y})^2 - \left\{ \frac{\sum (x_i - \bar{x})(y_i - \bar{y})}{\sum (x_i - \bar{x})^2} \right\}^2 \sum (x_i - \bar{x})^2$$

$$= \sum (y_i - \bar{y})^2 - \frac{\left\{ \sum (x_i - \bar{x})(y_i - \bar{y}) \right\}^2}{\sum (x_i - \bar{x})^2} \tag{3.48}$$

$$= \frac{1}{n} \left[\left\{ n \sum y_i{}^2 - \left(\sum y_i \right)^2 \right\} - \langle a \rangle^2 \left\{ n \sum x_i{}^2 - \left(\sum x_i \right)^2 \right\} \right] \tag{3.49}$$

となる。

また，以下の量を導入すると，最適値およびその不確かさは簡単な形式で書くことができる。

$$S_{xx} \equiv \sum_{i=1}^{n} (x_i - \bar{x})^2,$$

$$S_{yy} \equiv \sum_{i=1}^{n} (y_i - \bar{y})^2,$$

$$S_{xy} \equiv \sum_{i=1}^{n} (x_i - \bar{x})(y_i - \bar{y}), \langle a \rangle = \frac{S_{xy}}{S_{xx}}$$

$$\langle b \rangle = \bar{y} - \langle a \rangle \bar{x}$$

$$\sigma_y{}^2 = \frac{S_{xx} S_{yy} - S_{xy}{}^2}{(n-2) S_{xx}}$$

$$\sigma_{\langle a \rangle} = \frac{\sigma_y}{\sqrt{S_{xx}}}$$

$$\sigma_{\langle b \rangle} = \sqrt{\left(\frac{1}{n} + \frac{\bar{x}^2}{S_{xx}} \right)} \times \sigma_y$$

4.3　最小二乗法のあてはまりの良さ：決定定数 R^2

新しい乾電池 A と古い乾電池 B，すべり抵抗器，直流電圧計，直流電流計を用いて図 3.6 に示す回路で電池の起電力測定を行った結果を図 3.7 に示す。図 3.6 の点線で囲まれた部分が起電力 E，内部抵抗 r の乾電池に相当する。グラフの横軸は電池を流れる電流 I，縦軸は電池間の電圧 V，縦軸の切片は起電力 E，直線の傾きを r で表す。実験結果はどちらもほぼ直線にのっているが，電池 B の実験結果の方が電池 A の実験結果よりもより良く直線にのると思われる。この，**あてはまりの良さを定量化する量が決定定数 coefficient of determination** R^2 であり，理論モ

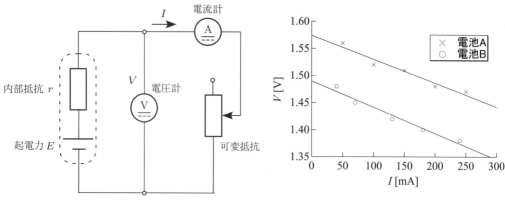

図3.6 電池の起電力&内部抵抗測定回路 　　　図3.7 測定データ

デルの妥当性・有効性を考える上で重要な物理量である。

　ここでは，電流 I の測定値を x_i，電圧 V の測定値を y_i とし，n 組の測定を行ったとする。y_i の変動 $(y_i - \bar{y})$ の2乗和 $\sum_{i=1}^{n}(y_i - \bar{y})^2$ を計算してみる（$\sum_{i=1}^{n}$ は $\sum$ と省略）。

$$
\begin{aligned}
\sum (y_i - \bar{y})^2 &= \sum (f(x_i) + \delta_i - \bar{y})^2 = \sum \{(f(x_i) - \bar{y}) + \delta_i\}^2 \\
&= \sum (f(x_i) - \bar{y})^2 - 2\sum \{(f(x_i) - \bar{y})\delta_i\} + \sum \delta_i{}^2 \\
&= \sum (f(x_i) - \bar{y})^2 - 2\sum \{f(x_i)\delta_i\} - 2\bar{y}\sum \delta_i + \sum \delta_i{}^2 \\
&= \sum (f(x_i) - \bar{y})^2 + \sum \delta_i{}^2
\end{aligned}
\tag{3.50}
$$

となる。（$\sum \{f(x_i)\delta_i\}, \sum \delta_i$ は (3.20) 式より $f(x_i)$ がべき乗関数のときには常に 0 になる。）

　ここで，(3.50) 式の $\sum (f(x_i) - \bar{y})^2$ は理論式で説明できる部分であり，理論から外れる部分が $\sum \delta_i^2$ である。**決定係数 R^2 は y_i の変動のうち理論的に説明できる部分の割合**として次式で定義されている。

$$
R^2 = 1 - \frac{\sum \delta_i{}^2}{\sum (y_i - \bar{y})^2} = \frac{\sum (f(x_i) - \bar{y})^2}{\sum (y_i - \bar{y})^2}
\tag{3.51}
$$

　R^2 は $0 \leq R^2 \leq 1$ の範囲を取り，観測値が完全に理論値に一致しているときに $R^2 = 1$ となり，あてはまりが悪いほど大きな残差ができるので，R^2 は 1 から離れて小さくなる。$R^2 = 0$ は観測値が全く理論式にあてはまらないことを意味する。

　さらに，(3.51) 式を変形してみる。(3.15) 式を (3.51) 式に代入し，さらに (3.14) 式を適用すると，

$$
\begin{aligned}
R^2 &= \frac{\sum (\langle a \rangle x_i - \langle b \rangle - \bar{y})^2}{\sum (y_i - \bar{y})^2} \\
&= \frac{\sum (\langle a \rangle x_i - \langle a \rangle \bar{x})^2}{\sum (y_i - \bar{y})^2} = \langle a \rangle^2 \frac{\sum (x_i - \bar{x})^2}{\sum (y_i - \bar{y})^2}
\end{aligned}
$$

$$= \left\{ \frac{\sum (x_i - \bar{x})(y_i - \bar{y})}{\sum (x_i - \bar{x})^2} \right\}^2 \frac{\sum (x_i - \bar{x})^2}{\sum (y_i - \bar{y})^2}$$

$$= \frac{\left\{ \sum (x_i - \bar{x})(y_i - \bar{y}) \right\}^2}{\sum (x_i - \bar{x})^2 \sum (y_i - \bar{y})^2} \tag{3.52}$$

結局，決定定数 R^2 の平方根は，

$$R = \frac{\sum (x_i - \bar{x})(y_i - \bar{y})}{\sqrt{\sum (x_i - \bar{x})^2 \sum (y_i - \bar{y})^2}} \tag{3.53}$$

となり，x と y の相関を表す量：**相関係数 (correlation coefficient)** になる。

$$決定係数 = R^2 = \frac{理論的に説明できる y_i の変動}{全ての y_i の変動} = (相関係数)^2$$

図 3.7 の実験データの場合，乾電池 A と乾電池 B の決定定数は，それぞれ $R_A^2 = 0.95276$，$R_B^2 = 0.96499$ となり，電池 B の実験結果の方が電池 A の実験結果よりもより良く直線にのることが定量的に示される。

4.4　決定定数を用いた σ_y の計算

残差の 2 乗和 $\sum {\delta_i}^2$ の値は，決定係数からも求めることができる。(3.51) 式を $\sum {\delta_i}^2$ について解くと，

$$\sum {\delta_i}^2 = \left(1 - R^2\right) \sum (y_i - \bar{y})^2$$

$$= \left(1 - R^2\right) \left\{ \sum {y_i}^2 - 2\bar{y} \sum y_i + n\bar{y}^2 \right\}$$

$$= \left(1 - R^2\right) \left\{ \sum {y_i}^2 - n\bar{y}^2 \right\}$$

$$= \frac{\left(1 - R^2\right)}{n} \left\{ n \sum {y_i}^2 - \left(\sum y_i \right)^2 \right\} \tag{3.54}$$

となる。(3.54) 式を (3.46) 式に代入すると次式を得る。

$$\sigma_y = \sqrt{\frac{\left(1 - R^2\right) \left\{ n \sum {y_i}^2 - \left(\sum y_i \right)^2 \right\}}{n \left(n - N \right)}} \tag{3.55}$$

$f(x) = ax + b$ の場合には，(3.54) 式を (3.45) 式に代入して次式を得る。

$$\sigma_y = \sqrt{\frac{\left(1 - R^2\right) \left\{ n \sum {y_i}^2 - \left(\sum y_i \right)^2 \right\}}{n \left(n - 2 \right)}} \tag{3.56}$$

したがって，実験データから $\sum x_i, \sum y_i, \sum x_i y_i, \sum {x_i}^2, \sum {y_i}^2$ を求め，表計算ソフトの RSQ() 関数で R^2 を求めると，$\sigma_{\langle a \rangle}, \sigma_{\langle b \rangle}$ を見積もることができる。

5　表計算ソフト Open Office Calc を使った最小二乗法計算

この節ではフリーの表計算ソフト Open Office Calc を使った最小二乗法の計算例を紹介する。有料の表計算ソフト Microsoft Excel でも同じ計算が可能である[1]。

図 3.7 の電池 A の実験データを使って実際に最小二乗法を行ってみる。Calc を立ち上げて，以下の手順にしたがって操作する。

(a)　列のタイトルと実験データの入力

a.　図 3.8 のように，**A1** セルから **E1** セルに列のタイトルを記入する。

b.　**A2** セルから **B6** セルに図 3.8 に示す実験データの値を記入する。

c.　**C2** セルを選択し，数式入力ボックスに**=A2^2** と入力する。

d.　**D2** セルを選択し，数式入力ボックスに**=A2*B2** と入力する。

e.　**E2** セルを選択し，数式入力ボックスに**=B2^2** と入力する。

f.　**C2** セルから **E2** セルを選択し，**E2** セルの右下をマウスの左ボタンを押したまま **E6** セルまでドラッグすると，図 3.9 に示す表ができる。

C2　=A2^2

	A	B	C	D	E
1	x 電流 [mA]	y 電圧 [V]	x^2	x*y	y^2
2	50	1.56	2500		
3	100	1.52			
4	150	1.51			
5	200	1.48			
6	250	1.47			

図 3.8　列のタイトルと実験データの入力

	A	B	C	D	E
1	x 電流 [mA]	y 電圧 [V]	x^2	x*y	y^2
2	50	1.56	2500	78	2.43
3	100	1.52	10000	152	2.31
4	150	1.51	22500	226.5	2.28
5	200	1.48	40000	296	2.19
6	250	1.47	62500	367.5	2.16

図 3.9　実験データと $x_i{}^2$, x_iy_i, $y_i{}^2$ の値

(b)　グラフの作成

a.　**A1** セルから **B6** セルを選択し，グラフボタンをクリックしてグラフ作成ウィザードを表示させる。散布図を選択し，横軸ラベルを電流 I [mA]，縦軸ラベルを電圧 V [V]，指定する。グラフを **F1** セルよりも右に配置する。Excel では，グラフボタンは挿入タブを選ぶと現れる。

b.　データ点の一つを選択し，右クリックして**トレンド線（回帰曲線）の挿入**を選ぶ。回帰の

1) Calc と Excel はほぼ同じ名前の関数を持つが関数の引数の区切りが異なる。Calc では，引数の区切りにセミコロン; を用いるが，Excel ではカンマ, を用いる。

種類として**直線**を選択し，**等式を表示 (E)**，**相関係数 (R^2) を表示 (C)** のチェックボックスをチェックして OK ボタンを押す。

c. 直線の式と決定係数（相関係数 (R^2)）が表示されるので，グラフ内の適当な位置に移し，式の近くをクリックして右ボタンを押し，**オブジェクトの属性 (O)** を選ぶ。現れた**等式**ウインドウで**数**ボタンを押し，分類 (C) の中から科学を選んで OK を押すと，式の係数と決定係数の数値が指数表示になる。これで，直線の傾き，切片，決定係数が求められた。

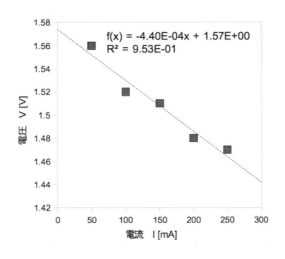

f(x) = -4.40E-04x + 1.57E+00
R² = 9.53E-01

図 3.10　電池 A の実験結果と最小二乗法による直線 fitting

(c)　$\sum$ の計算

最小二乗法の計算方法を理解するために，グラフに示された直線の傾き，切片，決定係数，傾きの値の不確かさ，切片の値の不確かさを求めてみる。まず，計算に必要な $\sum$ の諸量を計算する。

a. **A8** セルを $\sum$x，**B8** セルを $\sum$y，**C8** セルを $\sum$x^2，**D8** セルを $\sum$x*y，**E8** セルを $\sum$y^2，**F8** セルを n という文字値にする。（$\sum$ は全角の文字を使えばよい）

b. **A12** セルを n$\sum$x^2-($\sum$x)^2，**B12** セルを n$\sum$y^2-($\sum$y)^2，**C12** セルを R2，**D12** セルを <a>，**E12** セルを <b>，**C14** セルを σy^2，**D14** セルを σa，**D14** セルの σb という文字値にする。

c. **A9** セルを選択し，数式入力ボックスに＝**SUM(A2:A6)** と入力する。

d. **A9** セルの値が表示された後，**A9** セルの右下端をマウスの左ボタンを押したまま横方向に **E9** セルの右下端までドラッグする。これによって，$\sum y_i, \sum x_i^2, \sum x_i y_i, \sum y_i^2$ の値が計算される。

e. **F9** セルの値をデータ数の 5 とする。

(d)　文字変数の設定と文字変数を使った計算

各セルの値はセル番号を指定すれば計算式の中で引用できるが，**特定の意味合いを持つセルの値に名前をつけておくと，その名前で値を引用できるようになる。**

a. **A9** セルは $\sum x_i$ の値である。**A9** セルを選択し，**A1** セルの上にある名前ボックスに Sx

	SUM		f_x		=SUM(A2:A6)	
	A	B	C	D	E	F
1	x 電流 [mA]	y 電圧　[V]	x^2	x*y	y^2	
2	50	1.56	2500	78	2.43	
3	100	1.52	10000	152	2.31	
4	150	1.51	22500	226.5	2.28	
5	200	1.48	40000	296	2.19	
6	250	1.47	62500	367.5	2.16	
7						
8	Σx	Σy	Σx^2	Σx*y	Σy^y	n
9	=SUM(A2:A6)					
10						
11						
12	nΣx^2-(Σx)^2	nΣy^2-(Σy)^2	R2	<a>	<b>	
13						
14			σy2	σa	σb	
15						

図 3.11　$\sum$ の計算

と記入する。これ以降，**A9** セルの値は，計算式の中で Sx として引用できる。

b.　同様にして，**B9** セルを選択し，名前ボックスに Sy と記入する。**C9** セルを選択し，名前ボックスに Sxx と記入する。**D9** セルを選択し，名前ボックスに Sxy と記入する。**E9** セルを選択し，名前ボックスに Syy と記入する。**F9** セルを選択し，名前ボックスに n と記入する。

c.　**A13** セルは $n\sum x_i{}^2 - \left(\sum x_i\right)^2$ の値であり，$n \times (x_i$ の分散 variance) になっている。そこで，**A13** セルを選択し，名前ボックスに nVx と記入する。

d.　同様にして，**B13** セルを選択し，名前ボックスに nVy と記入する。

e.　**C13** セルを選択し，名前ボックスに RR と記入する。

f.　**D13** セルを選択し，名前ボックスに a と記入する。

g.　**E13** セルを選択し，名前ボックスに b と記入する。

h.　**C15** セルを選択し，名前ボックスに SigmaY2 と記入する。

i.　**A13** セルを選択し，数式入力ボックスに＝**n*Sxx-Sx^2** と入力する。

j.　**B13** セルを選択し，数式入力ボックスに＝**n*Syy-Sy^2** と入力する。

k.　**C13** セルを選択し，数式入力ボックスに＝**RSQ(B2:B6;A2:A6)** と入力する。
（Excel の場合はセミコロン; をコンマ, に変えて，＝**RSQ(B2:B6,A2:A6)** と入力する。）

l.　**D13** セルを選択し，数式入力ボックスに＝**(n*Sxy-Sx*Sy)/nVx** と入力する。値が出たら数値の表示形式を指数表示にする。（右クリックして**セルの書式設定**を選び，分類を**科学**にする）(3.12) 式参照

m.　**E13** セルを選択し，数式入力ボックスに＝**(Sxx*Sy-Sx*Sxy)/nVx** と入力する。(3.13) 式参照

n.　**C15** セルを選択し，数式入力ボックスに＝**(nVy-a^2*nVx)/(n*(n-2))**（または＝**(1-RR)*nVy/(n*(n-2))**）と入力する。値が出たら数値の表示形式を指数表示にする。

(3.45) (3.49), (3.56) 式参照

o. **D15** セルを選択し，数式入力ボックスに**=SQRT(n/nVx*SigmaY2)** と入力する。値が出たら数値の表示形式を指数表示にする。(3.43) 式参照

p. **E15** セルを選択し，数式入力ボックスに**=SQRT(Sxx/nVx*SigmaY2)** と入力する。値が出たら数値の表示形式を指数表示にする。この値が切片の不確かさであるが，**E13** セルには不確かな桁に対応する数値が示されていない。そこで，**E15** セルを選択し，小数点を 4 桁まで表示させるように書式を変更する。(3.43) 式参照

上記の手順で，直線の傾き $\langle a \rangle$，切片 $\langle b \rangle$ とそれらの不確かさ $\sigma_{\langle a \rangle}, \sigma_{\langle b \rangle}$ を求めることができたが，実は Calc の組み込み関数を使ってもこれらの値を求めることができる。**D17** セルを選択し，数式入力ボックスに**=LINEST(B2:B6;A2:A6;1;1)** と入力し，**Ctrl キーと Shift キーを押しながら Return キー**（Mac では Command（リンゴマーク）キーと Shift キーを押しながら Return キー）を押す。この関数は行列を返す関数であるので，特別なキー操作が必要となっている。値が表示されたら，**D17** から **E21** セルを選択し，数値の表示形式を指数にする。また，**E17** セルの小数点の表示値を 5 桁にする。

（Excel の場合はあらかじめ **D17** セルから **E21** セルの領域を選択し，セミコロン; をコンマ, に変えて，**=LINEST(B2:B6,A2:A6,1,1)** と入力し，**Ctrl キーと Shift キーを押しながら Return キーを押す。**）

	A	B	C	D	E	F
	SQRT ▾	f_x ✖ ✓	=n*Sxx-Sx^2			
1	x 電流 [mA]	y 電圧 [V]	x^2	x*y	y^2	
2	50	1.56	2500	78	2.43	
3	100	1.52	10000	152	2.31	
4	150	1.51	22500	226.5	2.28	
5	200	1.48	40000	296	2.19	
6	250	1.47	62500	367.5	2.16	
7						
8	Σx	Σy	Σx^2	Σx*y	Σy^y	n
9	750	7.54	137500	1120	11.38	5
10						
11						
12	nΣx^2-(Σx)^2	nΣy^2-(Σy)^2	R2	\<a\>	\<b\>	
13	=n*Sxx-Sx^2					
14			σy2	σa	σb	
15						

図 3.12 文字変数を使った計算

(e) LINEST() 関数

構文: LINEST(Y データの範囲; X データの範囲; 線形タイプ; 統計)

データグループに最も適合した直線の統計値のテーブル (表) を返す。Y データの範囲はデータポイントグループの中で Y 座標を示す 1 行または列の範囲である。X データの範囲は，対応する 1 つの行，または，X 座標群を記述したカラム範囲である。2 次関数以上で最小二乗法を使

SQRT	▼	f_x ✖ ✔	=RSQ(B2:B6;A2:A6)		
	A	B	C	D	E	F
1	x 電流 [mA]	y 電圧　[V]	x^2	x*y	y^2	
2	50	1.56	2500	78	2.43	
3	100	1.52	10000	152	2.31	
4	150	1.51	22500	226.5	2.28	
5	200	1.48	40000	296	2.19	
6	250	1.47	62500	367.5	2.16	
7						
8	Σx	Σy	Σx^2	Σx*y	Σy^y	n
9	750	7.54	137500	1120	11.38	5
10						
11						
12	nΣx^2-(Σx)^2	nΣy^2-(Σy)^2	R2	<a>	<b>	
13	125000	0.03	=RSQ(B2:B6;A2:A6)			
14			σy2	σa	σb	
15						

図 3.13　決定係数の計算

12	nΣx^2-(Σx)^2	nΣy^2-(Σy)^2	R2	<a>	<b>
13	125000	0.03	0.95	-4.40E-04	1.5740
14			σy2	σa	σb
15			8.00E-05	5.66E-05	9.38E-03
16					
17					=LINEST(B2:B6;A2:A6;1;1)

図 3.14　傾き，切片の値とその不確かさの結果と組み込み関数 LINEST()

うときは，対応するデータを作成する必要がある。

　LINEST は，線形回帰 (最小二乗法) を使って，もっともデータに適合する直線 $y = a + bx$ を見つける。1 つ以上の変数がある場合，その直線は $y = a + b_1 x^1 + b_2 x^2 + \cdots + b_n x^n$ という形式のものになる。もし **線形タイプ** が 0 (False) であれば，見つかった直線は原点を通過するように強制される (定数部 0，すなわち $y = b_1 x^1 + b_2 x^2 + \cdots$)。省略した場合，線形タイプ は 1 (True) である (直線は原点を通過するように強制されない)。統計が省略されるか，または 0 (False) の場合，統計テーブルの最上位行のみが返される。もし True であれば，テーブル全体が返される。LINEST は統計テーブル (行列) を返す。また，行列式として入力されなければならない (つまり，単なる Return ではなく Ctrl+Shift+Return を使用する)。図 3.15 における LINEST() 関数の結果の意味を表 3.1 に示す。

表 3.1　LINEST() 関数の意味

D17：回帰直線傾き	E17：y 軸との切片
D18：傾き値の不確かさ	E18：切片の不確かさ
D19：決定定数	E19：Y 値の回帰の標準不確かさ
D20：線形平均から導いた， 　　　Y の予測値の平方偏差の和	E20：一定の Y 値から導いた， 　　　Y の予測値の平方偏差の和

	nΣx^2-(Σx)^2	nΣy^2-(Σy)^2	R2		\<a>	\<b>
12						
13	125000	0.03	0.95		-4.40E-04	1.5740
14			σy2	σa		σb
15			8.00E-05	5.66E-05		9.38E-03
16						
17			\<a>の値	→ -4.40E-04	1.5740E+00	← \<b>の値
18			\<a>の不確かさ	→ 5.66E-05	9.38E-03	← \<b>の
19				9.53E-01	8.94E-03	不確かさ
20				6.05E+01	3.00E+00	
21				4.84E-03	2.40E-04	

図 3.15 最終結果

(f) INDEX() 関数

構文：INDEX(行列, 行番号, 列番号)

LINEST() 関数は行列形式の結果を返すので，キー操作が特殊になることが煩わしい．そこで，INDEX() 関数を使って LINEST() 関数が返す行列の各要素を個別に抽出する．

$y = ax + b$ の直線回帰の場合，回帰直線の傾き a とその不確かさ σ_a，y 軸との切片 b とその不確かさ σ_b，および決定係数 R^2 が重要な物理量である．結果を表示させたいセルを選択し，数式入力バーに表 3.2 の右側の式を代入すれば良い．なお，Excel を使用する場合は，表 3.3 に示すように，関数の引数の区切りはセミコロン [;] の代わりにコンマ [,] を使用する．

表 3.2　INDEX() 関数を使った LINEST() 関数の行列要素抽出（Open Office Calc の場合）

回帰直線の傾き：a	=INDEX(LINEST(y の範囲;x の範囲;1;1);**1;1**)
a の不確かさ：σ_a	=INDEX(LINEST(y の範囲;x の範囲;1;1);**2;1**)
y 軸との切片：b	=INDEX(LINEST(y の範囲;x の範囲;1;1);**1;2**)
b の不確かさ：σ_b	=INDEX(LINEST(y の範囲;x の範囲;1;1);**2;2**)
決定定数：R^2	=INDEX(LINEST(y の範囲;x の範囲;1;1);**3;1**)

表 3.3　INDEX() 関数を使った LINEST() 関数の行列要素抽出（Microsoft Excel の場合）

回帰直線の傾き：a	=INDEX(LINEST(y の範囲,x の範囲,1,1),**1,1**)
a の不確かさ：σ_a	=INDEX(LINEST(y の範囲,x の範囲,1,1),**2,1**)
y 軸との切片：b	=INDEX(LINEST(y の範囲,x の範囲,1,1),**1,2**)
b の不確かさ：σ_b	=INDEX(LINEST(y の範囲,x の範囲,1,1),**2,2**)
決定定数：R^2	=INDEX(LINEST(y の範囲,x の範囲,1,1),**3,1**)

(g) 不確かさを含む最適値の表示方法

計算によって求めた値（最適値）を表示する際の注意点を以下に示す．

- 最適値は**単位**を含めて表示する．
- **不確かさは 1 桁**で表示するため，2 桁目を四捨五入する．
- 最適値の不確かさを含めて表示するので，最適値の不確かさが現れる次の桁を四捨五入する．

- 最適値とその不確かさの桁を**揃えて表示**する。

以下では，これを具体的に示してみる。まず実験式 $V = E - rI$ と $y = ax + b$ を対応関係を確認する。

$$y \to V \quad x \to I \quad a \to -r \quad b \to E$$

ここで，x の単位は [mA]，y の単位は [V] であり，a の単位は [V/mA]=[kΩ]，b の単位は [V] である。

$\sigma_{\langle a \rangle}$ は最大桁だけで表示するため，10^{-6} の桁を四捨五入して $\sigma_{\langle a \rangle} = 5.66 \times 10^{-5} \simeq 6 \times 10^{-5}$ kΩ となる。$\langle a \rangle$ は 10^{-5} の桁から不確かさを含むので，10^{-6} の桁を四捨五入して，$\langle a \rangle = -4.40 \times 10^{-4} \simeq -4.40 \times 10^{-4}$ kΩ となる。したがって，電池の内部抵抗の値は以下のように表す。

$$r = (4.4 \pm 0.6) \times 10^{-4} \text{ kΩ} = 0.44 \pm 0.06 \text{ Ω} \tag{3.57}$$

同様に，$\sigma_{\langle b \rangle}$ は 10^{-4} の桁を四捨五入して $\sigma_{\langle a \rangle} = 9.38 \times 10^{-3} \simeq 9 \times 10^{-3}$ V となる。$\langle b \rangle$ は 10^{-3} の桁から不確かさを含むので，10^{-4} の桁を四捨五入して，$\langle b \rangle = 1.5740 \simeq 1.574$ V となる。したがって，電池の起電力の値は以下のように表す。

$$E = 1.574 \pm 0.009 \text{ V} \tag{3.58}$$

6　数値の取り扱いのまとめ

6.1　有効数字

有効数字は**末尾の桁位のみ**に不確かさがある。不確かさが**明記されていない場合**は，末尾の数字に ±1 程度の不確かさがあると仮定して取り扱う。具体例を以下に示す。不確かさを持つ桁位の上には点が記してある。

表 3.4　不確かさが明記されていない有効数字の例

桁数	値	意味	値	意味	値	意味
1桁	$\dot{5}$	5 ± 1	$\dot{6} \times 10^6$	$(6 \pm 1) \times 10^6$	$0.0\dot{2}$	0.02 ± 0.01
2桁	$4.\dot{0}$	4.0 ± 0.1	$6.\dot{3} \times 10^{-3}$	$(6.3 \pm 0.1) \times 10^{-3}$	$0.06\dot{8}$	0.068 ± 0.001
3桁	$55.\dot{1}$	55.1 ± 0.1	$23.\dot{6} \times 10^2$	$(23.6 \pm 0.1) \times 10^2$	$0.050\dot{8}$	0.0508 ± 0.0001

注　JIS 規格では，末尾の桁位のみに幅 1 程度の不確かさ（つまり 4.0 の場合は 4.0 ± 0.05）があるとして扱われるが，計算の簡略化のため物理学実験では幅 2 の不確かさ（つまり 4.0 ± 0.1）があるとして扱う。

6.2　不確かさの伝播公式

(a)　1 回測定の場合

$w = f(x, y, z, \cdots)$ が成り立つとき，w の不確かさの絶対値 $|\Delta w|$ は，$x, y, z, \cdots$ の不確かさ $\Delta x, \Delta y, \Delta z, \cdots$ を用いて次式で見積もる。

$$|\Delta w| = \left| \frac{\partial f}{\partial x} \Delta x \right| + \left| \frac{\partial f}{\partial y} \Delta y \right| + \left| \frac{\partial f}{\partial z} \Delta z \right| + \cdots \tag{3.59}$$

(b)　多数回測定の場合

$w = f(x, y, z, \cdots)$ が成り立ち，x, y, z を多数回測定して，それぞれの平均値の不確かさ $\sigma_{\overline{x}}$，$\sigma_{\overline{y}}, \sigma_{\overline{z}}, \cdots$ を求めた場合，w の平均値の標準偏差（不確かさ）$\sigma_{\overline{w}}$ は次式で見積もる。

$$\sigma_{\overline{w}} = \sqrt{\left(\frac{\partial f}{\partial x}\right)^2 \sigma_{\overline{x}}{}^2 + \left(\frac{\partial f}{\partial y}\right)^2 \sigma_{\overline{y}}{}^2 + \left(\frac{\partial f}{\partial z}\right)^2 \sigma_{\overline{z}}{}^2 + \cdots} \tag{3.60}$$

表 3.5　四則演算の不確かさ

演算	1 回測定の場合	多数回測定の場合
$w = x + y$	$|\Delta w| = |\Delta x| + |\Delta y|$	$\sigma_{\overline{w}} = \sqrt{\sigma_{\overline{x}}{}^2 + \sigma_{\overline{y}}{}^2}$
$w = x - y$	$|\Delta w| = |\Delta x| + |\Delta y|$	$\sigma_{\overline{w}} = \sqrt{\sigma_{\overline{x}}{}^2 + \sigma_{\overline{y}}{}^2}$
$w = x \times y$	$|\Delta w| = |y\Delta x| + |x\Delta y|$	$\sigma_{\overline{w}} = \sqrt{y^2 \sigma_{\overline{x}}{}^2 + x^2 \sigma_{\overline{y}}{}^2}$
$w = \dfrac{x}{y}$	$|\Delta w| = \left|\dfrac{1}{y}\Delta x\right| + \left|-\dfrac{x}{y^2}\Delta y\right|$	$\sigma_{\overline{w}} = \sqrt{\left(\dfrac{1}{y}\right)^2 \sigma_{\overline{x}}{}^2 + \left(-\dfrac{x}{y^2}\right)^2 \sigma_{\overline{y}}{}^2}$

表 3.6　主な初等関数の不確かさ

関数	関数値の不確かさ	注意
$y = \sin x$	$|\Delta y| = |\cos x \, \Delta x|$	x はラジアン値を代入
$y = \cos x$	$|\Delta y| = |-\sin x \, \Delta x|$	x はラジアン値を代入
$y = \tan x$	$|\Delta y| = \left|\dfrac{1}{\cos^2 x}\Delta x\right|$	x はラジアン値を代入
$y = e^x$	$|\Delta y| = |e^x \Delta x|$	
$y = a^x$	$|\Delta y| = |a^x \log_e a \, \Delta x|$	$a > 0$
$y = \log_e x$	$|\Delta y| = \left|\dfrac{1}{x}\Delta x\right|$	$x > 0$
$y = \log_{10} x$	$|\Delta y| = \left|\dfrac{1}{x \log_e 10}\Delta x\right|$	$x > 0$
$y = x^n$	$|\Delta y| = |nx^{n-1}\Delta x|$	
$y = x^2$	$|\Delta y| = |2x\Delta x|$	
$y = \dfrac{1}{x^2}$	$|\Delta y| = \left|-\dfrac{2}{x^3}\Delta x\right|$	
$y = \sqrt{x}$	$|\Delta y| = \left|\dfrac{1}{2\sqrt{x}}\Delta x\right|$	$x > 0$
$y = \sqrt[n]{x}$	$|\Delta y| = \left|\dfrac{\sqrt[n]{x}}{nx}\Delta x\right|$	$x > 0$

6.3　有効数字で示された物理量の計算方法

a.　元になる数値の不確かさを明確にする。不確かさが与えられていない場合は，末尾の数字に ± 1 程度の不確かさがあると仮定する。

b. 計算結果の不確かさを求める。この方法としては，不確かさの伝播公式を用いる方法と，計算結果の最大値と最小値を直接数値的に求める方法の二つがある。

c. 不確かさの2桁目を四捨五入し，不確かさが現れる桁が計算結果のどの桁かを求める。

d. 有効数字の最小桁は不確かさが現れる最大桁なので，不確かさが現れる最大桁の一つ下の桁を四捨五入する。

表 3.7　不確かさを含む平均値の表示例

	平均値	平均値の不確かさ	表示方法
（ア）	9.82$\overset{4}{3}$632123	0.002$\overset{3}{6}$45534	9.824 ± 0.003
（イ）	467$\overset{4}{3}$6.57	6$\overset{}{4}$.783	$(4.674 \pm 0.006) \times 10^4$
（ウ）	4.5$\overset{9}{8}$56 $\times 10^{-3}$	1.$\overset{}{1}$185 $\times 10^{-5}$	$(4.59 \pm 0.01) \times 10^{-3}$ あるいは 0.00459 ± 0.00001
（エ）	456.$\overset{4}{3}$863	0.0$\overset{10}{9}$78	456.4 ± 0.1 誤 456.39 ± 0.10

6.4　不確かさを含む平均値を有効数字で表す手順

a. 不確かさは**1桁で表示する**ので，不確かさの最大桁の**一つ下の桁を四捨五入**する。

　　（不確かさの最大桁が9の場合，その下の桁を四捨五入すると繰り上がって不確かさの桁が一桁上がる場合がある。表 3.7(エ) 参照）

b. 平均値のどの桁に不確かさが現れるかを確認し，その桁の**一つ下の桁を四捨五入**する。

c. 平均値と不確かさの**小数点の位置を合わせて表示**する。値が大きい場合や小さい場合は，(平均値の仮数 ± 不確かさの仮数)×10$^{(指数)}$ で表示する。

6.5　関数電卓を使った計算の注意点

- **不確かさを考慮した計算結果は表示しない**ので，計算結果を慎重に考える。小数計算では，不確かさを含む桁が0になる場合は，不確かさとして意味のある0が**表示されない**。

- 円周率，平方根のなどの値は電卓が表示する最大桁の値を使う。

- **物理定数は関数電卓に備わっている科学定数機能を用いる**。電卓のカバーを参照する。

- 計算途中の数値は不用意に四捨五入せず，全ての値を使って次の計算を行う。

- 必要に応じて途中の数値をメモリーに保存する。

- 最終的な値のみを有効数字で表記する。

6.6 1次関数の最小二乗法のまとめ

原点を通る直線 $y = f(x) = ax$ に当てはめる場合

a の最確値 $\langle a \rangle$ およびその不確かさ $\sigma_{\langle a \rangle}$ は以下のようになる。ただし，$\displaystyle\sum_{i=1}^{n} = \sum$ と省略して表している。

$$\langle a \rangle = \frac{\sum x_i y_i}{\sum x_i{}^2} \tag{3.61}$$

$$\sigma_{\langle a \rangle} = \sqrt{\frac{\sum x_i^2 \sum y_i^2 - \left(\sum x_i y_i\right)^2}{(n-1)\left(\sum x_i{}^2\right)^2}} \tag{3.62}$$

直線 $y = f(x) = ax + b$ に当てはめる場合

a, b の最確値 $\langle a \rangle, \langle b \rangle$ およびそれらの不確かさ $\sigma_{\langle a \rangle}, \sigma_{\langle b \rangle}$ は以下のようになる。ただし，$\displaystyle\sum_{i=1}^{n} = \sum$ と省略して表している。

$$\langle a \rangle = \frac{n \sum x_i y_i - \sum x_i \sum y_i}{n \sum x_i{}^2 - \left(\sum x_i\right)^2} \tag{3.63}$$

$$\langle b \rangle = \frac{\sum x_i{}^2 \sum y_i - \sum x_i \sum x_i y_i}{n \sum x_i{}^2 - \left(\sum x_i\right)^2} \tag{3.64}$$

$$\sigma_{\langle a \rangle} = \sqrt{\frac{n}{n \sum x_i{}^2 - \left(\sum x_i\right)^2}} \times \sigma_y \tag{3.65}$$

$$\sigma_{\langle b \rangle} = \sqrt{\frac{\sum x_i{}^2}{n \sum x_i{}^2 - \left(\sum x_i\right)^2}} \times \sigma_y \tag{3.66}$$

$$\sigma_y{}^2 = \frac{1}{n(n-2)} \left[\left\{ n \sum y_i{}^2 - \left(\sum y_i\right)^2 \right\} - \langle a \rangle^2 \left\{ n \sum x_i{}^2 - \left(\sum x_i\right)^2 \right\} \right] \tag{3.67}$$

参考文献

[1] 東京大学教養部基礎物理学実験テキスト編集委員会編，基礎物理学実験，学術図書出版社

[2] 九州大学物理学共通教育担当者編，物理学基礎実験，学術図書出版社

第II部

実 験

実験 1

ボルダの振り子

1 目的

慣性モーメントの求めやすいボルダ（Borda）の振り子を用い，その振動周期から，できるだけよい精度で重力加速度 g の値を求め，またその不確かさを見積る。この実験のデータ処理を通じて，実験における不確かさの計算方法を学ぶ。

2 原理

図 1.1 に示すような質量 M の剛体の振り子を角度 θ で振らせたときの運動方程式を求める。ただし，支点 O の摩擦や空気の抵抗は無視する。剛体の力学（永田一清，『新・基礎 力学』（サイエンス社））によれば固定軸のまわりの回転においては次の関係が成立つ。

慣性モーメント × 角加速度 ＝ 力のモーメント

$$I \times \frac{d^2\theta}{dt^2} = -Mgh\sin\theta \tag{1.1}$$

ここで I は点 O のまわりの慣性モーメント (morment of inertia)，$\dfrac{d^2\theta}{dt^2}$ は角加速度，g は重力加速度，h は支点 O と重心 G との距離である。θ が充分小さいときには，(1.1) 式の右辺の $\sin\theta$ は $\sin\theta \cong \theta$ と近似され，(1.2) 式で表わされ，その周期 T_0 が求まる。

$$\frac{d^2\theta}{dt^2} = -\frac{Mgh}{I}\theta \tag{1.2}$$

$$T_0 = 2\pi\sqrt{\frac{I}{Mgh}} \tag{1.3}$$

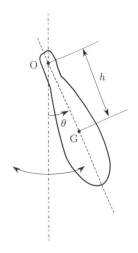

図 1.1 剛体の振り子

しかし，振れ角が小さくなければ，(1.1) 式は単振動の式ではなく，簡単には解けない非線型振動の方程式である。この場合の周期 T は $|\theta|$ の最大値，すなわち，角度振幅を θ_0 とすれば，周期は次式で表わされる。ただし θ_0 の 4 乗以上の項が無視できる程度に振幅が小さい場合である。

$$T = 2\pi\sqrt{\frac{I}{Mgh}}\left(1 + \frac{{\theta_0}^2}{16}\right) \tag{1.4}$$

(1.4) 式から，重力加速度の大きさは，

$$g = \frac{4\pi^2 I}{T^2 Mh}\left(1 + \frac{\theta_0{}^2}{8}\right) \tag{1.5}$$

となる。

Borda の振り子は，支持具 S に細い針金をつけ，反対の端に半径 r，質量 M の重い金属球をつけて鉛直につり下げ振らせるものである。図 1.2 からわかるように，支持具 S のナイフエッジを支点として振動するので，(1.4) 式の h は，$h = \ell + r$ となる。ただし ℓ はナイフエッジから金属球の取りつけ点までの距離である。一般に半径 r，質量 M の球の中心を通る軸のまわりの慣性モーメントは $\frac{2}{5}Mr^2$ であり，中心を通る軸に平行で h だけ離れた軸のまわりの慣性モーメント I との間には

$$I = \frac{2}{5}Mr^2 + Mh^2 \tag{1.6}$$

の関係がある。

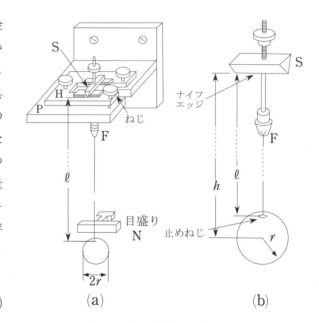

(a)　　　　　　(b)

図 1.2　剛体振り子の支持具

$h = \ell + r$ として (1.6) 式を (1.5) 式に代入すると

$$g = \frac{4\pi^2\,(\ell + r)}{T^2}\left\{1 + \frac{2r^2}{5\,(\ell + r)^2}\right\} \times \left(1 + \frac{\theta_0{}^2}{8}\right) \tag{1.7}$$

となり，周期 T を測定し，ℓ, r, θ_0 を測れば重力の加速度 g が得られる。

周期の計算方法

振り子が最下点の位置を右方向に通過する時刻 $t_i\,(i = 1, 2, \cdots, n, \cdots)$ を測定したとしよう。振り子の周期は，時刻の差 $(t_{i+1} - t_i)$ の平均値から求めることができそうであるが，$n + 1$ 個の通過時刻から単純に n 個の差を平均すると，

$$\frac{1}{n}\sum_{i=1}^{n}(t_{i+1} - t_i) = \frac{1}{n}\left\{(t_2 - t_1) + (t_3 - t_2) + \cdots + (t_{n+1} - t_n)\right\}$$

$$= \frac{1}{n}(t_{n+1} - t_1) \tag{1.8}$$

となり，結局 t_{n+1} と t_1 の二つの時刻のみから平均の周期を求めることになる。測定値には不確かさが必ず存在するので，t_{n+1} と t_1 のみの不確かさが結果に影響するこの方法は非常に危険な方法である。沢山の計測データの不確かさを全て同等に取り扱うには次の方法を用いる。

測定回数を偶数とし，n 回離れた時刻の差 $t_{n+i} - t_i$ の組を n 個作り，その平均を求める。

$$\overline{T} = \frac{1}{n}\sum_{i=1}^{n}\left(\frac{t_{n+i} - t_i}{n}\right) \tag{1.9}$$

$$= \frac{1}{n}\left\{\frac{t_{n+1}-t_1}{n}+\cdots+\frac{t_{2n}-t_n}{n}\right\}$$

$$= \frac{1}{n^2}\{(t_{n+1}+\cdots+t_{2n})-(t_1+\cdots+t_n)\}$$

この計算式では，全ての測定データを用いている。各時刻 t_i の不確かさは正にも負にもなり得るので，個々の不確かさ同士が相殺して平均の精度が増す。この実験では，(1.9) 式のかわりに，以下の (1.10) 式において $m=20$ だけ離れた時刻の組を $n=10$ 個作り，それらの値を平均する。この計算を行うには，表を作って計算すると便利である（表 1.2 参照）。

$$\overline{T} = \frac{1}{n}\sum_{i=1}^{n}\left(\frac{t_{m+i}-t_i}{m}\right) \tag{1.10}$$

$$= \frac{1}{n}\left\{\frac{t_{m+1}-t_1}{m}+\cdots+\frac{t_{m+n}-t_n}{m}\right\}$$

$$= \frac{1}{mn}\{(t_{m+1}+\cdots+t_{m+n})-(t_1+\cdots+t_n)\}$$

3 装置

ボルダの振り子，フォトゲート，パソコン，キャリパー，巻尺，水準器，直角定規

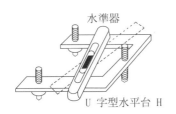

図 1.3 水平台の調整

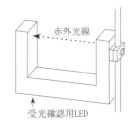

図 1.4 フォトゲート

4 実験方法

(1) 壁に固定された支持台 P の上に U 字型の水平台 H をおき，これについている調節用の 3 本のねじを回して水平台 H を水平にする。このときこの 3 本のねじが支持台 P の受け金具にきちんと乗っているかを確認し，水準器を利用して水平にする。水準器は一つの方向のみの水平性を確かめるだけであるから，図 1.3 のように水準器を交差するように置きかえて調整するのがよい。

(2) 図 1.2(b) のような支持具 S のチャック F に長さ約 1 m 余りのピアノ線が固定され，他端に球形の錘（直径約 4 cm）がつけられたものが用意されており，架台につり下げられている。

　　これを 1 本架台から取り外し，図 1.2(a) のように支持具 S のナイフエッジを静かに水平台 H の上に置き，ピアノ線がループを作らないように注意しながら錘の金属球をつり下げる。このとき，錘の振動の方向はナイフエッジに垂直であるから，ナイフエッジは壁に垂直にしなければならない。

(3) 周期の測定はパソコンを用いた計測システムを使って行う。正確に周期を計測するため，振り子の最下点の位置にフォトゲート (図 1.4) を配置する。フォトゲートの片側のアームに発光ダイオードが，反対側のアームにフォトダイオードが付けてあり，発光ダイオードからの赤外光線をフォトダイオードで受光する。この光の経路を錘が遮る時刻を計測する。そのため，錘がフォトゲートを通過した時に受光確認用の発光ダイオード (LED) が点灯するようにフォトゲートの高さを調整する。表 1.1 に測定結果の例を示す。1 周期に 2 回最下点を通過するが，ソフトウェアによって決められた方向にフォトゲートをよぎる時刻だけが表示される。

　　なお，非線形の微分方程式 (1.1) から線形の微分方程式 (1.2) に近似できるためには，角度 θ は小さな値でなければならない。実際の測定での振れ角程度では，周期 T は (1.4) 式で与えられ，このときの振れ角もあまり大きくては良くない。ここでは θ を約 3° とする。以下にその手順を詳しく述べる。

　　振り子はナイフエッジに直角な鉛直面内で振動させるが，このためには糸で錘の金属球を正しい方向に引っ張っておいて，手をはなせばよい。もし錘が楕円を描くか，ねじり振動をするような場合にはやり直す。振りはじめの振幅は，振り子の背後のものさし N で測って 4〜5 cm（約 3°）がよい。振り子をしばらく振らせ，正しい振動状態であることを確認して，振幅 a_1 を 5 回 1 mm の読み取り精度で測定した後，フォトゲートを接続したパソコンで 30 回の周期測定を始める。測定が終わった直後に再び振り子の振幅 a_2 を 5 回 1 mm の精度で測定する。

　　次に**振り子の支点（ナイフエッジ）から固定したものさし N の目盛の位置までの距離 D** を巻尺で 5 回 0.1 mm の精度で測定する。

　　この時点で実験例にならって $20T$ を 10 個計算してみる。パソコンの測定結果として 1 周期毎の時刻と周期が秒単位で表示されるが，表示された周期は，振り子がフォトゲートを横切る時刻 t_i の単純な差 $t_{i+1} - t_i$ から計算されるので，前節で説明したようにこれは精度の高い測定結果とは言えない。そこで，表 1.2 で示す方法にならって，20 周期分離れた通過時刻の差 $t_{20+i} - t_i = 20T_i$ を 10 個計算してみる。**10 個のデータのばらつきが 0.01 秒以内**になっているならば良いが，そうでなければ周期の測定をやり直して，良いデータを得るようにする。

(4) 周期測定の終わった振り子を，長さ ℓ の測定用枠（別の場所に設置してある）に吊し，ナイフエッジから球の上部までの長さ ℓ を直角定規をあてて，**視差のないように 0.1 mm の精度で 5 回測定する。**(最小目盛 1 mm の 1/10 である 0.1 mm の桁まで測定すること)

　　次に，ノギスを用いて球の直径 $2r$ を種々の位置で 0.05 mm の精度で 5 回測定する。

(5) 以上の測定から，物理量 T, ℓ, r の平均値 $\overline{T}, \overline{\ell}, \overline{r}$ を求め，最確値とする。振れ角の最大値 θ_0 は

$$\theta_0 \cong \tan\theta_0 = \frac{a_0}{D}$$

であるが，空気抵抗や摩擦のために振幅は減衰しているので，振れ角の平均値 θ_0 を

$$\theta_0 = \frac{\sqrt{a_1 a_2}}{D} \tag{1.11}$$

で与え，この関係から，5 個の θ_0 の計算値の平均 $\overline{\theta_0}$ を求める。表 1.5 に測定と計算結果の例を示す。ただし，表 1.5 の $\theta_0, \overline{\theta_0}$ の値に限っては，後で $\sigma_{\overline{\theta_0}}$ の計算を行うため，最小桁のみに不確かさを含む有効数字ではなく，不確かさを含む桁が 2 桁まで記載している。

(6) 前項で求めた物理量 T, ℓ, r, θ_0 の最確値を結果としてまとめて示し，次に (1.7) 式にこれらの値を入れて重力加速度 g を算出する。この g の値が $980\,\mathrm{cm/s^2}$ 程度の値になっていれば 1 週目の実験を終了して良い。2 週目は次節で示す要領で g の平均値の合成実験標準不確かさを求める。

重力加速度の実験値の計算

この実験ではできるだけ正確に g の値を求めるので，g の必要とする有効数字を考慮して，$\overline{T}, \overline{\ell}, \overline{r}, \overline{\theta_0}$ の必要とする桁数の値を使って計算する。また，円周率 π は電卓で表示される値をそのまま用いればよい。

$$\overline{g} = \frac{4\pi^2 \left(\overline{\ell} + \overline{r}\right)}{\overline{T}^2} \left\{1 + \frac{2\overline{r}^2}{5\left(\overline{\ell} + \overline{r}\right)^2}\right\} \times \left(1 + \frac{\overline{\theta_0}^2}{8}\right)$$

$$=$$

$$= \qquad \mathrm{cm/s^2}$$

注意　$\overline{T}, \overline{\ell}, \overline{r}, \overline{\theta_0}$ に用いた数値を明示するように式を書くこと。数値は単位を付けて書きなさい。

5　解析

不確かさは**平均値**の実験標準偏差で表す。不確かさの伝播公式より，重力加速度 g の**平均値**の合成実験標準偏差 $\sigma_{\overline{g}}$ は次式で求められる。

$$\sigma_{\overline{g}} = \sqrt{\left(\frac{\partial g}{\partial T}\right)^2 \sigma_{\overline{T}}^2 + \left(\frac{\partial g}{\partial \ell}\right)^2 \sigma_{\overline{\ell}}^2 + \left(\frac{\partial g}{\partial r}\right)^2 \sigma_{\overline{r}}^2 + \left(\frac{\partial g}{\partial \theta_0}\right)^2 \sigma_{\overline{\theta}_0}^2} \tag{1.12}$$

まず，周期 T，針金の長さ ℓ，金属球の半径 r，振幅 θ_0 について平均値の実験標準偏差 $\sigma_{\overline{T}}, \sigma_{\overline{\ell}}, \sigma_{\overline{r}}, \sigma_{\overline{\theta}_0}$ を求める。次に，(1.12) 式の偏微分の項を計算し，その式に各量の平均値を代入する。

実験標準偏差（推定標準偏差）は電卓や表計算ソフトで簡単に行うことが可能であるが，この実験課題では，実験標準偏差の計算方法を学ぶために，σ_T と σ_ℓ は表を作って求めることにする。そして，その結果を電卓等で計算した結果と比べ，正しく計算できたかを確認する。σ_r と σ_{θ_0} に関しては，表を作らずに電卓等を用いて求めればよい。なお，角度 θ_0 の平均値の不確かさ $\sigma_{\overline{\theta}_0}$ は，本来は D, a_1, a_2 の平均値の不確かさから合成不確かさの伝播式にしたがって求める必要があるが，θ_0 は周期の補正項なので全体の不確かさ計算に大きな影響を及ぼさないので，表 1.5 の θ_0 の欄から平均の不確かさを求めればよい。

表 1.1 最下点時刻の例

回	時刻 (s)
1	1.5626
2	3.6714
3	5.7801
4	7.8890
5	9.9978
6	12.1066
7	14.2155
8	16.3243
9	18.4330
10	20.5418
⋮	⋮
21	43.7386
22	45.8474
23	47.9562
24	50.0650
25	52.1738
26	54.2827
27	56.3915
28	58.5003
29	60.6091
30	62.7179

表 1.2 周期 T の平均値 $\overline{T}$ の計算例

回	時刻 t_i(s)	回	時刻 t_{i+20}(s)	$t_{i+20} - t_i = 20T_i$(s)
1	1.5626	21	43.7386	42.1760
2	3.6714	22	45.8474	42.1760
3	5.7801	23	47.9562	42.1761
4	7.8890	24	50.0650	42.1760
5	9.9978	25	52.1738	42.1760
6	12.1066	26	54.2827	42.1761
7	14.2155	27	56.3915	42.1760
8	16.3243	28	58.5003	42.1760
9	18.4330	29	60.6091	42.1761
10	20.5418	30	62.7179	42.1761
			$20\overline{T}$	42.17604
			平均 $\overline{T}$	2.108802

表 1.3 長さ ℓ の測定例

回	長さ ℓ(cm)
1	108.37
2	108.38
3	108.37
4	108.37
5	108.36
$\overline{\ell} =$	108.370

表 1.4 球の直径 $2r$ の測定例

回	$2r$(cm)
1	4.110
2	4.095
3	4.105
4	4.100
5	4.105
$2\overline{r} =$	4.1030
$\overline{r} =$	2.0515

表 1.5 振幅 θ_0 の測定と計算例

回	D(cm)	a_1(cm)	a_2(cm)	θ_0
1	105.08	3.2	3.0	0.02949
2	105.09	3.0	2.8	0.02758
3	105.09	3.1	2.9	0.02853
4	105.07	3.2	2.7	0.02798
5	105.08	3.1	2.8	0.02804
			$\overline{\theta}_0$	0.028324

参考のため，周期 T の平均値の不確かさ $\sigma_{\overline{T}}$ の計算手順を以下に示す（表1.6参照）。

(1) 表1.2の $20T_i$ の列の値を20で割って T_i を求め，表1.6の T_i に書く。

(2) T_i の列の下に，$\displaystyle\sum_{i=1}^{n=10} T_i$ と平均値 $\overline{T}$ を記入する。

(3) $\delta T_i = T_i - \overline{T}$ の列に，各 T_i から $\overline{T}$ を引いた値を記入する。（この列の一番下の値 $\sum T_i$ は (?) と記してあるが，この値がどの様な値になるはずであるかを考えなさい。）

(4) $\delta T_i{}^2$ の列に，δT_i の2乗，$\displaystyle\sum_{i=1}^{n=10} \delta T_i{}^2$ を計算して記入する。

(5) T の実験標準偏差 σ_T の式

$$\sigma_T = \sqrt{\frac{\sum_{i=1}^{n} \delta T_i{}^2}{n-1}}$$

に，$\displaystyle\sum_{i=1}^{n} \delta T_i{}^2$ と $(n-1)$ の値を代入する。この例では，$\sigma_T \cong 5.16 \times 10^{-6}$ s になる。

(6) 電卓の標本標準偏差を求める関数，または表計算ソフトのSTDEV()関数を使って σ_T を求め，表を使って求めた値とほとんど一致することを確かめる。

(7) **平均値 $\overline{T}$ の実験標準偏差** $\sigma_{\overline{T}}$ と T の実験標準偏差 σ_T との関係式

$$\sigma_{\overline{T}} = \frac{\sigma_T}{\sqrt{n}}$$

から $\sigma_{\overline{T}}$ を求める。

注意 不確かさが0になることはあり得ないので，**平均値の実験標準偏差は0としてはいけない**。たとえば，長さ ℓ を何回測っても同じ場合は $\sum \delta\ell^2 = 0$ になるのであるが，これは使用した計器の精度がたりないからである。このような場合，読み取りの最小桁に ± 1 の不確かさがあると考えて，$\sigma_{\overline{\ell}} = 0.01$ cm，と見積もればよい。

表1.6 $\displaystyle\sum_{i=1}^{n=10} \delta T_i{}^2$ 計算例 $(\delta T_i = T_i - \overline{T})$

回	T_i(s)	δT_i(s)	$\delta T_i{}^2(\text{s}^2)$
1	2.10880	-0.0000040	1.60×10^{-11}
2	2.10880	-0.0000040	1.60×10^{-11}
3	2.10881	0.0000060	3.60×10^{-11}
4	2.10880	-0.0000040	1.60×10^{-11}
5	2.10880	-0.0000040	1.60×10^{-11}
6	2.10881	0.0000060	3.60×10^{-11}
7	2.10880	-0.0000040	1.60×10^{-11}
8	2.10880	-0.0000040	1.60×10^{-11}
9	2.10881	0.0000060	3.60×10^{-11}
10	2.10881	0.0000060	3.60×10^{-11}
$\sum$	21.08804	(?)	2.40×10^{-10}
$\overline{T}$	2.108804		

表1.7 $\displaystyle\sum_{i=1}^{n=5} \delta\ell_i{}^2$ 計算例 $(\delta\ell_i = \ell_i - \overline{\ell})$

回	ℓ_i(cm)	$\delta\ell_i$(cm)	$\delta\ell_i{}^2(\text{cm}^2)$
1	108.37	0.000	0.00000
2	108.38	0.010	0.00010
3	108.37	0.000	0.00000
4	108.37	0.000	0.00000
5	108.36	-0.010	0.00010
$\sum$	541.85	(?)	0.00020
$\overline{\ell}$	108.370		

g の平均値の合成実験標準偏差 $\sigma_{\overline{g}}$（合成不確かさ）計算

$$\frac{\partial g}{\partial T} \quad = \quad\quad\quad\quad\quad\quad\quad\quad\quad = -\frac{2g}{T} = \quad\quad\quad\quad\quad\quad\quad\quad\cong$$

$$\left(\frac{\partial g}{\partial T}\right)^2 \quad =$$

$$\frac{\partial g}{\partial \ell} \quad = \quad\quad\quad\quad\quad\quad\quad\quad \left(\frac{\partial g}{\partial \ell}\right)^2 =$$

$$\frac{\partial g}{\partial r} \quad = \quad\quad\quad\quad\quad\quad\quad\quad \left(\frac{\partial g}{\partial r}\right)^2 =$$

$$\frac{\partial g}{\partial \theta_0} \quad = \quad\quad\quad\quad\quad\quad\quad\quad \left(\frac{\partial g}{\partial \theta_0}\right)^2 =$$

$$\sigma_{\overline{g}} \quad = \sqrt{\left(\frac{\partial g}{\partial T}\right)^2 \sigma_{\overline{T}}{}^2 + \left(\frac{\partial g}{\partial \ell}\right)^2 \sigma_{\overline{\ell}}{}^2 + \left(\frac{\partial g}{\partial r}\right)^2 \sigma_{\overline{r}}{}^2 + \left(\frac{\partial g}{\partial \theta_0}\right)^2 \sigma_{\overline{\theta}_0}{}^2}$$

$$\sigma_{\overline{g}} \quad = \sqrt{\left(\quad\quad\right)^2 + \left(\quad\quad\right)^2 + \left(\quad\quad\right)^2 + \left(\quad\quad\right)^2}$$

$$=$$

注意　T, ℓ, r, θ_0 の測定のうち，どの測定が $\sigma_{\overline{g}}$ にもっとも大きな影響を与えているかに注意し，$\sigma_{\overline{g}}$ の値が 1.0 cm/s^2 よりも大きいときは，測定の不確かさを再度検討すること。

$$\therefore 重力加速度 = g \pm \sigma_{\overline{g}} = \quad\quad\quad\quad \pm \quad\quad\quad\quad \text{cm/s}^2$$

設問

(1) 理科年表の地学項で大分における重力加速度の測定値を調べ，実験値と比べてみなさい。今回の実験結果を示す場合には，不確かさも含めた表記をしなさい。なお，理科年表の値は精密な実験装置を使って測定された実験値であり，**理論値ではありません**。また，重力加速度は地殻の構成物質によって変わるので，**本実験で求めた値が理科年表の値と極めて近い値である必要はありません**。

(2) 実験のやり方，測定の仕方で改善できるところがあれば述べなさい。

実験 2

電子の比電荷測定

1 目的

一様な磁場中で電子が円運動することを観察し，円運動の軌道の大きさから電子の比電荷すなわち電荷 e と質量 m の比 e/m を測定する。また，この実験のデータ処理を通じて，原点を通るグラフの最小二乗法について理解する。

2 原理

電場 $\boldsymbol{E}$ および磁場 $\boldsymbol{B}$ の中を速度 $\boldsymbol{v}$ で運動する電荷 q をもった荷電粒子には，

$$\boldsymbol{F} = q\boldsymbol{E} + q(\boldsymbol{v} \times \boldsymbol{B}) \tag{2.1}$$

で表されるローレンツ（Lorentz）力が働く。いま，電場 $\boldsymbol{E}$ が存在せず，一様な磁場の中で磁場 $\boldsymbol{B}$ に垂直な方向に速度 $\boldsymbol{v}$ で運動する電子を考える。質量 m，電荷 $-e$ の電子に働く力 $\boldsymbol{F}$ は (2.1) 式より evB の大きさをもち，その方向は $\boldsymbol{v}$ と $\boldsymbol{B}$ のいずれにも垂直となる。したがって，加速度は常に速度に垂直であるから，電子は等速円運動を行うことになる。この運動は**サイクロトロン運動**と呼ばれている。

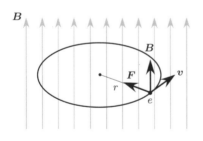

図 2.1 サイクロトロン運動

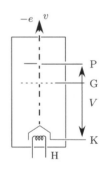

図 2.2 電子銃の構造

ここで，半径 r の円運動の向心力は，mv^2/r で与えられ，この向心力がローレンツ力であることから，

$$evB = \frac{mv^2}{r} \tag{2.2}$$

の関係が成り立ち，比電荷 e/m は次式で与えられる。

$$\frac{e}{m} = \frac{v}{Br} \tag{2.3}$$

　一方，電子は図 2.2 に示すような電子銃により電圧 V で加速され，速さ v を得る。したがって，運動エネルギーは，エネルギー保存則から

$$\frac{mv^2}{2} = eV \tag{2.4}$$

とかけるので，(2.3) 式と (2.4) から v を消去して，電子の比電荷は

$$\frac{e}{m} = \frac{2V}{B^2 r^2} \tag{2.5}$$

と表すことができる。

　一様な磁場は，管球をはさむように配置されたヘルムホルツコイルにより作られる (図 2.3)。ビオ・サバールの法則 (Biot-Savart law) より，このコイルの中心付近の磁束密度の強さ B は次式で表される。

$$B = \mu_0 \left(\frac{4}{5}\right)^{3/2} \frac{nI}{R} \tag{2.6}$$

$$\mu_0 = 4\pi \times 10^{-7} \text{ H/m}$$

ここで，μ_0 は真空の透磁率，n はコイルの巻数，I はコイルを流れる電流，R はコイルの半径を表している。(2.6) 式を (2.5) に代入し，電子ビームの直径を $d = 2r$ として $V = $ 係数 $\times I^2$ の形に変形する。

$$V = \left(\frac{2^3 {\mu_0}^2 n^2 d^2}{5^3 R^2} \frac{e}{m}\right) \times I^2 \tag{2.7}$$

本実験で用いる装置の値として $n = 130$, $R = 0.150$ m を (2.7) 式に代入すると，

$$V = a \times I^2 \tag{2.8}$$

$$a = \xi d^2 \frac{e}{m} \tag{2.9}$$

$$\xi = \frac{2^3 {\mu_0}^2 n^2}{5^3 R^2} \cong 7.59 \times 10^{-8} \text{ H}^2/\text{m}^4 \tag{2.10}$$

となる。(2.8), (2.9) 式より，電子の軌道の直径 d が一定になるような I, V の組を複数測定し，横軸を I^2，縦軸を V にとってグラフにすると，原点を通る傾き a の直線が得られることがわかる。直線の傾き a を求め，

$$\frac{e}{m} = \frac{a}{\xi d^2} \tag{2.11}$$

から比電荷 e/m が求められる。

2.1　最小二乗法による解析

　最小二乗法の章で説明したように，原点を通る直線 $y = f(x) = ax$ の傾きの最適値 $\langle a \rangle$ とその不確かさ $\sigma_{\langle a \rangle}$ は，データ点を $(x_i, y_i), i = 1, \cdots, n$ とすると，

$$\langle a \rangle = \frac{\sum x_i y_i}{\sum {x_i}^2} \tag{2.12}$$

$$\sigma_{\langle a \rangle} = \sqrt{\frac{\sum x_i{}^2 \sum y_i{}^2 - \left(\sum x_i y_i\right)^2}{(n-1)\left(\sum x_i{}^2\right)^2}} \tag{2.13}$$

から求められる。ただし，$\displaystyle\sum = \sum_{i=1}^{n}$ と省略している。この実験の場合，$x_i = I_i{}^2$，$y_i = V_i$ に対

応するので，$I_i{}^2$，$I_i{}^4$，$I_i{}^2 V_i$，$V_i{}^2$ およびそれらの和を計算する表を作る（表 2.2 参照）。

　x 軸に I^2，y 軸に V をとり，実験データをプロットしてみる。I^2, V が小さい領域で直線から
外れてくるので，その様なデータは最小二乗法の解析からは外す。ただし，外したデータをグラ
フから取り去る必要はない。グラフの傾きとその不確かさは，

$$\langle a \rangle = \frac{\sum I_i{}^2 V_i}{\sum I_i{}^4} \tag{2.14}$$

$$\sigma_{\langle a \rangle} = \sqrt{\frac{\sum I_i{}^4 \sum V_i{}^2 - \left(\sum I_i{}^2 V_i\right)^2}{(n-1)\left(\sum I_i{}^4\right)^2}} \tag{2.15}$$

となる。

　最小二乗法の解析では，x 軸に対応する物理量は，y 軸に対応する物理量に比べて十分精度良
く測定できることが前提となっているので，電子ビームの直径をある一定の値にするときは，**電
流 I は電流計で正確に読み取れる値**に設定して，電圧 V の方を調整して目的の直径にし，電圧計
の目盛りの 1/10 の値まで読み取る。

3　装置

　比電荷測定器（比電荷測定用管球，電子加速用電源，ヘルムホルツコイル），直流安定化電源，
電流計，電圧計

> **注意**　　高電圧がかかる端子には触れない。
> 　　　　　コイルには 2 A 以上の電流は流さない。

　管球とヘルムホルツコイルの配置を図 2.3 に示す。比電荷測定用管球は，内部に電子銃が組み
込まれている。電子銃はプレート P とカソード K およびヒーター H から構成されている。ヒー
ターにより K から飛び出した電子は PK 間で加速され矢印方向の電子流となる。電子が管球内の
希薄なヘリウムガスと衝突すると発光するため，電子の軌跡が目視できる。

　ヘルムホルツコイルは同じ二つのコイルから成り，その中心軸は共通で，コイルの半径 R 分だ
け離れて置かれている（図 2.4）。電子銃より飛出した電子は，ヘルムホルツコイルによって作ら
れる磁界により円軌道を描いて運動する（図 2.5）。比電荷測定器のスケールの指標を D のところ
へ移動させて目盛を読めば，電子軌跡の直径 d が計測できる（図 2.6）。

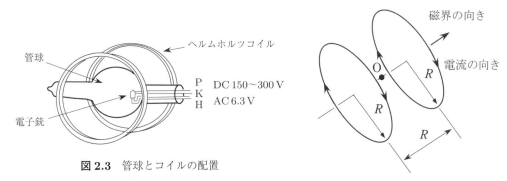

図 2.3 管球とコイルの配置

図 2.4 ヘルムホルツコイル

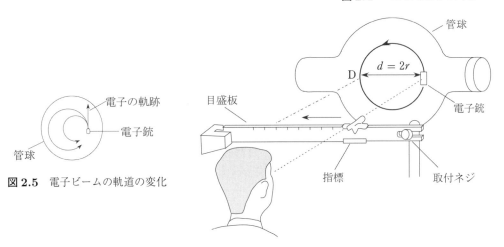

図 2.5 電子ビームの軌道の変化

図 2.6 電子軌道の直径測定

4 実験方法

(1) 地磁気の影響を避けるため，ヘルムホルツコイルの軸を東西に向ける。

(2) 比電荷測定器，直流安定化電源，電流計，電圧計を図 2.7 のように配線する。

(3) 比電荷測定器，直流安定化電源の電源を ON にする**前に**，比電荷測定器の加速電圧調整つまみとコイル電流調整つまみ（直流安定化電源の電圧調整つまみ）は左に回して出力を最小にしておく。

(4) 比電荷測定器の電源スイッチと直流安定化電源の電源スイッチをそれぞれ ON にする。ヒーターが赤熱したら，放電管内を見ながら加速電圧調整つまみをゆっくり時計方向にまわしていく。およそ 100 V くらいから電子線経路の発光が見え始める。このとき，電子ビームが出る位置が目盛板の始点と一致していることを確認する。一致していない場合は指導教員または TA に調整を依頼する。

(5) 比電荷測定器の加速電圧を 300 V に設定する。直流安定化電源のコイルの電流調整つまみをゆっくり時計方向にまわして磁場を強くしていくと，電子線は曲がって円を描くようになる。管内のスケール（目盛板）により，電子ビームの直径が**ほぼ** $d = 6.0\,\mathrm{cm}$ となるようにコイルに流す電流を調節する。

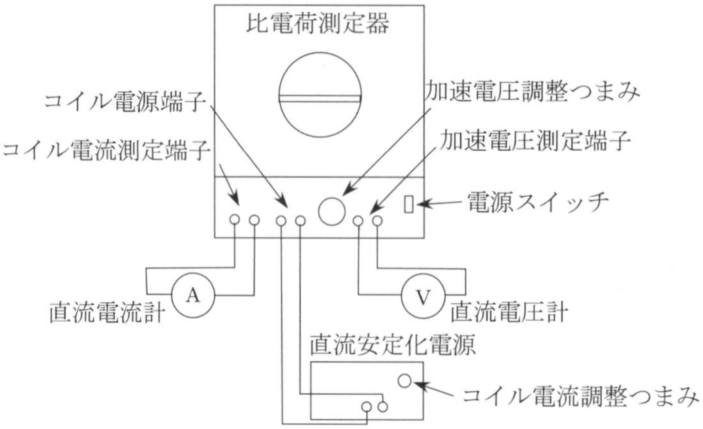

図 2.7   配線図

(6)   次に，電流が明確な値（たとえば 2.0 A, 1.9 A, 1.8 A など）になるように，電流計の目盛
　　　のどれかに針がくるまでコイルの電流をゆっくり減少させる。そして，電子ビームの直径
　　　が**ちょうど** $d = 6.0\,\mathrm{cm}$ になるように加速電圧つまみを調整し，その時の I と V の値を記録
　　　する。次に，コイルに流す電流を 0.1 A だけ減少させて，再び電子ビームの直径が**ちょうど**
　　　$d = 6.0\,\mathrm{cm}$ になるように電圧つまみを調整し，その時の I と V の値を記録する。このよう
　　　に，コイルに流す電流を 0.1 A ずつ減少させて，電子ビームの直径が**ちょうど** $d = 6.0\,\mathrm{cm}$
　　　になる I と V を記録していく。

(7) $d = 7, 8, 9, 10, 11\,\mathrm{cm}$ の場合について同様な測定を繰り返す。測定結果の例を表 2.1 に示す。

表 2.1   測定例

$I\,[\mathrm{A}]$	$I^2\,[\mathrm{A}^2]$	$V\,[\mathrm{V}]$					
		$d = 6\,\mathrm{cm}$	$d = 7\,\mathrm{cm}$	$d = 8\,\mathrm{cm}$	$d = 9\,\mathrm{cm}$	$d = 10\,\mathrm{cm}$	$d = 11\,\mathrm{cm}$
2	4	264					
1.9	3.61	239					
1.8	3.24	218	274				
1.7	2.89	201	249				
1.6	2.56	173	230	279			
1.5	2.25	162	197	257			
1.4	1.96	132	172	230	279		
1.3	1.69	113	151	194	230	275	
1.2	1.44	102	131	159	196	230	285
1.1	1.21		119	148	174	200	244
1	1		102	121	145	172	200
0.9	0.81			102	122	148	173
0.8	0.64			104	119	140
0.7	0.49					106	124
0.6	0.36						103

(8) 図 2.8 に示すようなグラフを描き，各直線の傾きごとに比電荷の概算値を求める。この際，原点に近い実験値ほど原点を通る直線から離れるてくるので，直線に良く載るデータのみを利用する。

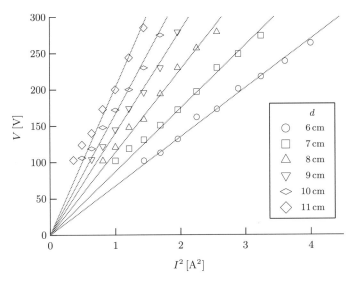

図 2.8　測定例の I^2 vs. V プロット

5　解析

実験が終わったら横軸 I^2 と縦軸 V のグラフを作成し，原点を通る直線に良く載るデータに対して最小二乗法の解析を行って直線の傾きの最適値 $\langle a \rangle$ とその不確かさ $\sigma_{\langle a \rangle}$ を求める。電子ビームの各直径ごとに，表 2.2 に示すような表を作り，$\langle a \rangle$ の値を (2.14) 式から求めて比電荷 e/m を求める。

$$\frac{e}{m} = \frac{\langle a \rangle}{\xi d^2} \tag{2.16}$$

$$\xi \cong 7.59 \times 10^{-8} \text{ H}^2/\text{m}^4$$

次に，比電荷の実験値の不確かさを見積もる。不確かさの伝播公式より，比電荷の合成不確か

表 2.2　$d = 7$ cm の解析結果の例。直線から外れるデータを除き，$n = 7$ とした

i	I_i [A]	V_i [V]	I_i^2 [A^2]	I_i^4 [A^4]	$I_i^2 V_i$ [A^{2}V]	V_i^2 [V^2]
1	1.8	274	3.24	10.4976	887.76	75076
2	1.7	249	2.89	8.3521	719.61	62001
3	1.6	230	2.56	6.5536	588.8	52900
4	1.5	197	2.25	5.0625	443.25	38809
5	1.4	172	1.96	3.8416	337.12	29584
6	1.3	151	1.69	2.8561	255.19	22801
7	1.2	131	1.44	2.0736	188.64	17161
		$\sum$	16.03	39.2371	3420.37	298332

さは,

$$\left|\Delta\left(\frac{e}{m}\right)\right| = \frac{e}{m}\sqrt{\left(\frac{\Delta\xi}{\xi}\right)^2 + \left(2\frac{\Delta d}{d}\right)^2 + \left(\frac{\sigma_{\langle a\rangle}}{\langle a\rangle}\right)^2} \tag{2.17}$$

と表される。定数 ξ の相対的な不確かさは,有効数字を考慮して,

$$\frac{|\Delta\xi|}{\xi} \cong \frac{0.01}{7.59} \cong 1.31 \times 10^{-3} \tag{2.18}$$

と見積もる。電子ビームの直径 d の相対的な不確かさは,1mm 程度の視差があると仮定して求める。たとえば,$d = 7.0\,\mathrm{cm}$ の場合は

$$\frac{|\Delta d|}{d} \cong \frac{0.1}{7.0} \cong 1.42 \times 10^{-2} \tag{2.19}$$

と見積もる。ξ の相対的な不確かさ,d の相対的な不確かさ,$\langle a\rangle$ の相対的な不確かさを (2.17) に代入し,比電荷の実験値の絶対的な不確かさの値を求める。

表 2.2 に示す測定例の場合は,(2.14), (2.15) 式に表 2.2 の $\sum$ の値とデータ数 $n = 7$ を代入して,

$$\langle a\rangle = \frac{3420.37}{39.2371} \cong 87.172\,\mathrm{V/A}^2 \tag{2.20}$$

$$\sigma_{\langle a\rangle} = \sqrt{\frac{39.2371 \times 298332 - (3420.37)^2}{(7-1)(39.2371)^2}} \cong 0.855\,\mathrm{V/A}^2 \tag{2.21}$$

となり,この場合の比電荷とその不確かさは,(2.17), (2.16) 式より

$$\frac{e}{m} = 2.34390 \times 10^{11}\,\mathrm{C/kg} \tag{2.22}$$

$$\left|\Delta\left(\frac{e}{m}\right)\right| = 0.0708 \times 10^{11}\,\mathrm{C/kg} \tag{2.23}$$

と計算できる。比電荷の値は,不確かさを含む最初の桁のもう一つ下の桁を四捨五入して結果を表示する。不確かさは有効数字 1 桁で表示するので,2 桁目を四捨五入する。測定例の $d = 7\,\mathrm{cm}$ の場合は,

$$\frac{e}{m} = (2.34 \pm 0.07) \times 10^{11}\,\mathrm{C/kg}$$

と表せる。

$d = 6, 7, 8, 9, 10, 11\,\mathrm{cm}$ の実験に対して測定結果を表にまとめ,理科年表の値と比べて考察を書く。

設問

(1) 放電管に永久磁石を近づけたとき，電子線の経路がどのように変化するかを観察し，ローレンツ力を定性的に考察しなさい。

(2) 電圧 V の小さな領域（I^2 の小さな領域）では，観測データは原点を通る直線から外れてくる。この原因を考察しなさい。

実験 3

回折格子による分光測定と水素原子スペクトル

1 目的

回折格子を用いた分光測定の原理を学び，電球，蛍光灯等の光源のスペクトルを観測する。また，水素原子の可視部の線スペクトルを測定し，それがバルマーの公式で表されることを確かめ，さらに線スペクトルが原子構造に由来することを理解する。

2 原理

2.1 回折格子

回折格子とは，両面が平行なガラス板の片面に，平行な溝を多数刻んだものである。溝と溝の間の間隔 d を格子定数といい，光の波長 λ の数倍から 10 倍程度にとられている。溝の本数は 1 mm あたり 500〜1200 本程度である。

回折格子に光をあてると，溝の部分では光が乱反射して不透明となり，溝と溝の間の透明な部分がスリットの役目をすることになる。光が回折格子に入射すると，ホイヘンスの原理により，この多数のスリットが新しい波源となって光の波が広がり，これらが干渉しあって縞模様の回折光が現れる。

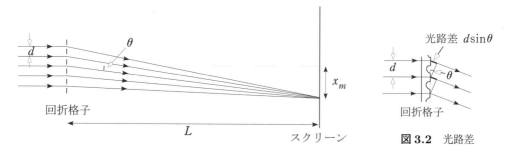

図 3.1　回折格子による光の回折

図 3.2　光路差

波長 λ の光が回折格子に垂直に入射したとき，角 θ の方向に回折される光は，隣り合う光とどこでも等しい光路差 $d\sin\theta$ を持つ。回折格子から十分遠方で，これらの光が強め合う条件は，光路差が波長の整数倍のときである。

$$d\sin\theta = m\lambda \quad (m = 0, \pm 1, \pm 2, \cdots) \tag{3.1}$$

$m = 0$ は直接スクリーンに到達する光であり，$m = 1$ を一次の回折光，$m = 2$ を二次の回折光という。回折格子とスクリーンとの間隔を L，スクリーン上での $m = 0$ の直接光から m 次の回折

光まので距離を x_m とすると，m 次の回折光に対する $\sin\theta_m$ は

$$\sin\theta_m = \frac{x_m}{\sqrt{L^2 + x_m{}^2}} \tag{3.2}$$

となるので，(3.1)，(3.2) より，格子間隔 d は次式で求められる。

$$d = \frac{\sqrt{L^2 + x_m{}^2}}{x_m} m\lambda \tag{3.3}$$

1 mm あたりの溝の数 $N = \dfrac{1\,\mathrm{mm}}{d}$ は，

$$N = \frac{x_m \cdot 1\,\mathrm{mm}}{\sqrt{L^2 + x_m{}^2}\, m\lambda} \tag{3.4}$$

と求められる。そこで，$\lambda_{\mathrm{red}} = 632.8\,\mathrm{nm}$ の He-Ne レーザーと $\lambda_{\mathrm{green}} = 532\,\mathrm{nm}$ の DPSS (ダイオード励起固体) レーザーを用いて回折実験を行い，L, x_1, x_2 から d, N を求める。

2.2 水素スペクトル

J. J. Balmer（バルマー）は水素スペクトルの可視部の 4 本の線 $(\mathrm{H}_\alpha, \mathrm{H}_\beta, \mathrm{H}_\gamma, \mathrm{H}_\delta)$ の波長が

$$\lambda = A\frac{m^2}{m^2 - 2^2}, \qquad A = 3645.6 \times 10^{-8}\,\mathrm{cm}$$

いう式で表わせることを見い出した。ここで m は 3 以上の整数である。その後この Balmer の公式は水素の紫外部の線スペクトルに対してもよく成立していることが確められた。しかし水素以外の原子のスペクトルをも説明できる一般公式を発見することに Balmer は成功しなかった。

この Balmer の仕事に引き続いて J. R. Rydbery（リュードベリ）が他の原子のスペクトルを細かく調べてより複雑なこれらのスペクトルに対する公式を発見した。その Rydbery の公式は

$$\frac{1}{\lambda} = R\left\{ \frac{1}{(n+a)^2} - \frac{1}{(m+b)^2} \right\} \tag{3.5}$$

である。ここで R はリュードベリ定数とよばれ，その値は，$R = 1.0974 \times 10^7\,\mathrm{m}^{-1}$ であり，原子の種類に無関係な普遍定数である。また Balmer の A とは $R = 4/A$ である。a, b は物質毎に又系列毎に異なる値をとる定数である。水素スペクトルに関しては，次式が成り立つ。

$$\frac{1}{\lambda} = R\left(\frac{1}{n^2} - \frac{1}{m^2} \right) \quad (m = n+1,\ n+2, \cdots) \tag{3.6}$$

Balmer の公式は特に $n = 2$ の場合である。水素のスペクトルを波長の広い範囲にわたって調べたところ，表 3.1 に示す系列があることがわかった。それらを図 3.3 に示す。

表 3.1 スペクトル系列の名称

n, m	名称	帯域
$n = 1, m = 2, 3, 4, \cdots$	Lyman（ライマン）系列	遠紫外線領域
$n = 2, m = 3, 4, 5, \cdots$	Balmar（バルマー）系列	紫外可視光領域
$n = 3, m = 4, 5, 6, \cdots$	Pachen（パッシェン）系列	赤外線領域
$n = 4, m = 5, 6, 7, \cdots$	Brakett（ブラケット）系列	近赤外線領域
$n = 5, m = 6, 7, 8, \cdots$	Pfund（プント）系列	遠赤外線領域
$n = 6, m = 7, 8, 9, \cdots$	Humphrey（ハンフリー）系列	遠赤外線領域

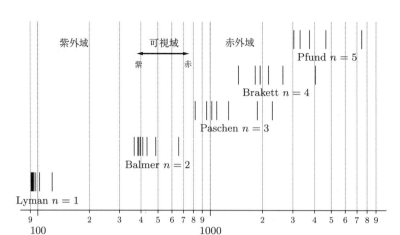

図3.3　水素スペクトル

　水素原子は一つの電子と原子核とからなる最も簡単な原子である。(3.6) 式で表わされる水素原子の吸収線あるいは輝線スペクトルが原子構造にもとづいていることを初めて明らかにしたのがN. Bohrである。

　彼は核のまわりの安定した軌道上に電子が存在し，その軌道上では電子はエネルギーを失なわない。(これを定常状態という。) そして一つの定常状態から他の定常状態へ移るときエネルギーの吸収・放出があると仮定した。Bohrの理論の基本的仮定である定常状態の存在は，J. Franck（フランク）と G. Hertz（ヘルツ）の研究から実験的証明を与えられた。Bohrの理論は定常状態の安定性などを説明する能力をもっていないが，しかし量子力学の発展に大きな影響を与えた。原子には基底状態および無数の励起状態と呼ばれるエネルギー準位がある。普通，原子の核外電子は基底状態にあり，外部からのエネルギーを吸収（たとえば光，熱，電子ビーム等による）して，エネルギー準位の高い励起状態へ飛び上がる。そして励起された電子は自然に低いエネルギー準位へ落ちていく。この際いっきに基底状態まで落ちる場合もあり，中間の準位をつぎつぎと落ちていく場合もある。このように，電子がエネルギー準位間を遷移するとき，光量子が放出され，原子スペクトルとなる。たとえば電子が E_m のエネルギー準位に励起されていて，E_n のエネルギー準位に落ちるとき，エネルギー差 $E_m - E_n$ に等しい $h\nu$ のエネルギーをもつ1個の光

表3.2　水素の主要なスペクトル線波長（可視領域）

記号	波長 [nm]	色
H_α	656.28(656.285, 656.273 の平均値)	赤
H_β	486.133	青緑
H_γ	434.047	青紫
H_δ	410.174	紫
	397.007	紫

量子が放出される。つまり

$$E_m - E_n = h\nu \tag{3.7}$$

エネルギー準位の E_n 等の値は,水素原子の場合,次のシュレディンガー方程式を解いて,(3.9)式で与えられる。

$$\frac{d^2\phi}{dr^2} + \frac{2}{r}\frac{d\phi}{dr} + \frac{8\pi^2 m_e}{h^2}\left(E + \frac{e^2}{4\pi\varepsilon_0 r}\right)\phi = 0 \tag{3.8}$$

ここで ϕ は波動関数,r は電子の原子核からの距離,m_e および e は電子の質量および電荷,h はプランク定数,ε_0 は真空誘電率である。

$$E_n = -\frac{m_e e^4}{8h^2\varepsilon_0{}^2 n^2} \quad (n = 1, 2, 3, \cdots) \tag{3.9}$$

エネルギー準位 E_n と遷移の様子を図 3.4 に示す。

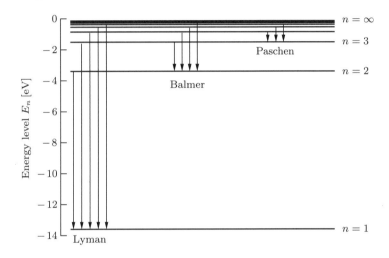

図 3.4 エネルギー準位間の遷移

　我々が可視の領域で観察する水素原子のスペクトルは Balmer 系列であり,量子数 n で 3→2 の遷移によるものが H_α 線,4→2 が H_β,5→2 が H_γ,6→2 が H_δ である。ここで (3.9) 式を (3.7) 式に代入すると

$$\frac{1}{\lambda} = -\frac{m_e e^4}{8ch^3\varepsilon_0{}^2}\left(\frac{1}{n^2} - \frac{1}{m^2}\right) \tag{3.10}$$

$$n = 1, 2, 3, \cdots$$

$$m = n+1, n+2, \cdots$$

を得る。ただし,c は真空中の光速である。$\dfrac{m_e e^4}{8ch^3\varepsilon_0{}^2} = R$ と考えると,(3.10) 式は (3.6) 式と一致し,分光学の知識から原子構造に関する情報を得ることができる。

2.3   高温物体の連続スペクトル

　高温の物体は電磁波を放射し，放射する光の波長（色）は温度が高くなるほど短く（赤→青）なる。ドイツの物理学者 M. K. E. L. Planck は，色々な温度の炉から出てくる可視光線，赤外線，紫外線などの電磁波について波長ごとにエネルギーを測定した実験結果をうまく説明する式（プランクの公式）を発見した。絶対温度 T で熱平衡にある高温物体（黒体）から放出される電磁波のうち，波長が λ から $\lambda + d\lambda$ にある放射エネルギー密度は次式で与えられる。

$$\rho_\lambda = \frac{8\pi hc}{\lambda^5} \frac{1}{e^{ch/(\lambda kT)} - 1} \tag{3.11}$$

ここで，h はプランク定数，c は真空中の光速，k はボルツマン定数である。この式を λ に対して偏微分することにより，各温度で最も強く放射される電磁波の波長，つまり，図 3.5 のピークに対する波長 λ_{max} は絶対温度に対して

$$\lambda_{\mathrm{max}} T = 2.898 \times 10^{-3}\,\mathrm{m \cdot K} \tag{3.12}$$

という関係（Wien の変位則）が導かれている。ただし，この関係は W. Wien が Planck の公式よりも先に実験的に発見している。

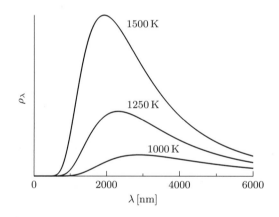

図 3.5　プランクの法則：高温物体の熱輻射スペクトル

　電球に電圧を掛けると，ジュール熱によってフィラメントが高温になり可視域の電磁波（連続スペクトル）が放射される。電圧が高いときは白色であるが，電圧が下がるにつれて黄色がかった色から赤みがかった色へと変化する。これは，電球のフィラメントの温度が下がることによって放射する電磁波のスペクトルが長波長側に移動することに対応する。電球の場合，可視光以外に赤外光も放射されているので，電気エネルギーを効率よく光に変えてはいない。

2.4   蛍光灯の発光

　蛍光灯は管内に低圧のアルゴンガスと水銀蒸気が封入されている。蛍光管の両端の電極に高電圧をかけると，電極から熱電子が放出され水銀の電子と衝突して紫外線が多量に発生する。放電で放射されるエネルギーの約 60% が 253.7 nm の紫外線である。この紫外線が放電管内壁の蛍光物質にあたると蛍光物質特有の可視光 (白色光) に変換される。したがって，蛍光灯のスペクトルを

測定すると，水銀の鋭いスペクトルとそれによって励起された蛍光体のスペクトルが観測される。

2.5　発光ダイオード

　ガリウムヒ素 (GaAs) やガリウムリン (GaP) などの発光しやすい半導体を使って p 型半導体と n 型半導体を作り，それらを接合したものを発光ダイオード (light-emitting diode:LED) という。この pn 接合ダイオードに順方向の電圧を掛けると，接合面の付近で n 層の電子と p 層の正孔が結合して中和する。この過程はエネルギー準位が高い (E_m) 伝導帯にいる電子が，エネルギー準位の低い価電子帯の空いている準位 (E_n) に入る過程である。再結合の際に，$E_m - E_n$ のエネルギーが放出され，その一部が接合部付近から光として放出される。発光色は半導体物質の種類によって変わる。本実験で計測する白色 LED は，青色 LED ＋蛍光物質という組み合わせで白色光を発生させるものであり，青色発光ダイオードのチップを蛍光体で覆った構造をしている。これを点灯させると，蛍光による光と蛍光体を透過した光の混合が得られる。

3　装置

　He-Ne レーザー (赤色)，DPSS (ダイオード励起固体) レーザー (緑色)，回折格子，分光器（制御パソコン），水素スペクトル管（**12000 V の高電圧のため注意**），電球，蛍光灯，発光ダイオード

注意
- レーザー光が当たる危険があるときは保護メガネを使用する。
- レーザー光を人に当てない。
- レーザー光を直接見てはいけない。
- 回折光を長時間見ることを避ける。
- 高電圧がかかる水素スペクトル管の端子には触れない。
- 分光器の光ファイバーを無理に曲げたり折ったりしない。

4　実験方法

4.1　回折格子の実験

　図 3.6 に He-Ne レーザーを用いた実験系の概略を示す。実験装置を調整する際は，保護メガネを掛けて作業する。レーザーの出射光は強度が強すぎるので，減衰フィルター (ND フィルター) を回折格子とレーザーの間に置く。レーザー光がレールと平行になるように設置する。2 次の回折光がスクリーンに映る程度の距離にスクリーンを置く。回折格子とスクリーンの距離 L，直接光から 1 次，2 次の回折光までの距離 x_1, x_2 を求めて格子間隔 d, 1 mm あたりの溝の数 N を求める。

　次に，緑色の DPSS レーザーを He-Ne レーザーの前に設置して，上記の実験を繰り返す。

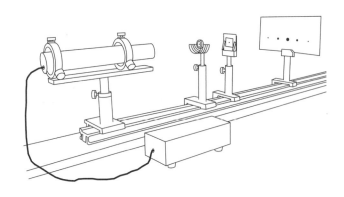

図 3.6　回折格子による光の回折実験装置

4.2　光スペクトル測定実験

　分光器に光ファイバーの一端を取り付け，光ファイバーの他端を水素スペクトル管の近くに置き，分光器のソフトウェアを操作してスペクトルを測定する。測定の後，$H_\alpha, H_\beta, H_\gamma, H_\delta$ の波長を読み取る。

　次に，電球，蛍光管，発光ダイオードを光源としてスペクトル測定を行う。電球の場合は，連続スペクトルのピークに対応する波長を求める。蛍光灯の場合は，観測された鋭いスペクトルの中で，水銀の線スペクトルに対応するものに印を付けて波長を明記する。水銀の線スペクトル以外は，管球の内側に塗布された蛍光体が発光した光である。白色 LED は青色 LED と蛍光物資の組み合わせて白色光を作っているので，観測した二つの幅広いスペクトルがどちらに対応するかを明記する。

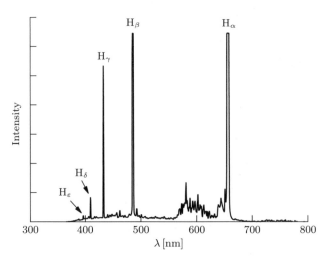

図 3.7　水素スペクトル

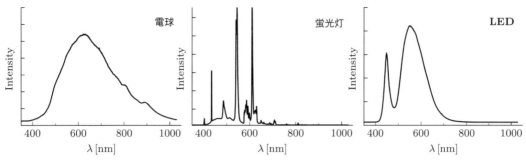

図 3.8 電球のスペクトル   **図 3.9** 蛍光灯のスペクトル   **図 3.10** LED のスペクトル

表 3.3 水銀の可視領域主要スペクトル線波長 [nm]（*は重なって見える）

404.656	434.750*	435.835*	546.074	576.959	579.065

5　解析

5.1　回折格子の格子間隔 d，格子数 N の計算

(3.3), (3.4) 式における L, x_m, λ の不確かさをそれぞれ $\Delta L, \Delta x_m, \Delta \lambda$ として，d, N の不確かさ $\Delta d, \Delta N$ の式を不確かさの伝播公式より導きなさい。そして，それらの数値を求め，不確かさを含んだ形で d, N を表しなさい。

$$|\Delta d| = \left| \frac{\partial d}{\partial L} \Delta L \right| + \left| \frac{\partial d}{\partial x_m} \Delta x_m \right| + \left| \frac{\partial d}{\partial \lambda} \Delta \lambda \right| \tag{3.13}$$

$$|\Delta N| = \left| \frac{\partial N}{\partial L} \Delta L \right| + \left| \frac{\partial N}{\partial x_m} \Delta x_m \right| + \left| \frac{\partial N}{\partial \lambda} \Delta \lambda \right| \tag{3.14}$$

ただし，He-Ne レーザーの波長の不確かさは，$\Delta \lambda_{\mathrm{red}} = 0.5 \, \mathrm{nm}$，　DPSS レーザーの波長の不確かさは，$\Delta \lambda_{\mathrm{green}} = 1 \, \mathrm{nm}$ とする。$\Delta L, \Delta x_m$ は各自で適切な値を設定しなさい。

5.2　リュードベリ定数 R の計算

(3.6) 式より，リュードベリ定数 R は次式で求められる。

$$R = \frac{1}{\lambda} \left(\frac{1}{2^2} - \frac{1}{m^2} \right)^{-1} \quad (m = 3, \, 4, \cdots) \tag{3.15}$$

$\mathrm{H}_\alpha, \mathrm{H}_\beta, \mathrm{H}_\gamma, \mathrm{H}_\delta$ の各波長の測定値から，(3.15) 式を用いてそれぞれの測定値に対するリュードベリ定数 $R_\alpha, R_\beta, R_\gamma, R_\delta$ を算出し，この結果から水素原子の可視部の線スペクトルについて Balmer の公式 (3.6) が成り立つことを示しなさい。また，不確かさの伝播公式より R の不確かさ ΔR の式を導き，$R_\alpha, R_\beta, R_\gamma, R_\delta$ の不確かさの数値を求めなさい。

$$|\Delta R| = \left| \frac{dR}{d\lambda} \Delta \lambda \right| \tag{3.16}$$

ただし，$\Delta \lambda$ は使用する分光器内部の回折格子の間隔とスリット幅からきまる分光器の波長分解能であり，本実験で使う分光器では $\Delta \lambda = 1.34 \, \mathrm{nm}$ である。

そして，$R_\alpha \sim R_\delta$ および $\Delta R_\alpha \sim \Delta R_\delta$ から今回の実験におけるリュードベリ定数の最確値 $\overline{R}$ と

その不確かさ $\overline{\Delta R}$ を求め，基礎物理定数として推奨されているリュードベリ定数 $R_\infty = \dfrac{m_\mathrm{e}e^4}{8ch^3\varepsilon_0{}^2}$ と比べて考察しなさい。

5.3　エネルギーレベル E_n の計算

(3.10) 式の $\dfrac{m_\mathrm{e}e^4}{8ch^3\varepsilon_0{}^2}$ を R とすると，(3.10) 式は (3.6) 式と一致する。$1/\lambda = \nu/c$ であるから，(3.6) 式の両辺に hc をかけると，

$$h\nu = hcR\left(\frac{1}{n^2} - \frac{1}{m^2}\right)$$

となり，これと (3.7) 式とにより，

$$E_n = -\frac{hcR}{n^2} \tag{3.17}$$

となる。そこで，(3.17) 式の R として実験の最確値を $\overline{R}$ を代入し，E_n を計算する。まず，E_1 の値を eV の単位で求め，それを $2^2, 3^2, 4^2, 5^2, 6^2$ で割り算して E_2, E_3, E_4, E_5, E_6 を求めなさい。そして，方眼グラフ用紙を用いて図 3.4 のエネルギー準位のグラフを描き（E_1 は不要），観察した水素のスペクトル線はどのような遷移に対応するかを示しなさい。なお，グラフを描く際は，1 eV のエネルギーを 2 cm に対応させなさい。

実験 4

電気抵抗の測定

1 目的

(1) 抵抗線等とサーミスターの電気抵抗を測定し，抵抗-温度特性を求める。

(2) 抵抗-温度特性より，抵抗線の抵抗率 ρ とサーミスターの活性化エネルギー ε を求める。

(3) コンピュータを用いた自動計測システムについて学ぶ。

2 原理

2.1 金属線の電気抵抗

断面積 S が一様で長さ ℓ の導体の電気抵抗 R は

$$R = \rho \frac{\ell}{S}$$

ρ は導体によって決まる定数で抵抗率と呼ぶ。R は温度 T の関数であり，T_0 での抵抗を R_{T_0} とすると，T_0 の近くにおいて，$(T - T_0)$ のべき乗で展開すると

$$R_T = R_{T_0} \left\{ 1 + \alpha (T - T_0) + \beta (T - T_0)^2 + \cdots \right\} \tag{4.1}$$

となる。α，β は抵抗の温度係数という。一般に普通の金属では β は α に比して 10^{-3} 程度小さいから省略して

$$R_T = R_{T_0} \left\{ 1 + \alpha (T - T_0) \right\} \tag{4.2}$$

となり，したがって

$$\alpha = \frac{1}{R_{T_0}} \left(\frac{dR_T}{dT} \right)_{T=T_0} \tag{4.3}$$

となる。この α を温度 T_0 における抵抗の温度係数といってもよい。一般に T_0 を $273.15\,\mathrm{K}$ ($\fallingdotseq 0\,℃$) にとることが多い。

抵抗率 ρ についても，(4.2) 式と同じように書ける。

$$\rho_T = \rho_{T_0} \left\{ 1 + \alpha (T - T_0) \right\} \tag{4.4}$$

通常，定数表に α として記載してあるのは，

$$\alpha_{0,100} = \frac{\rho_{100} - \rho_0}{100 \, \rho_0} \tag{4.5}$$

であり，$0℃$ と $100℃$ の間の平均温度で示されている。

2.2　サーミスターの抵抗

サーミスターは thermally sensitive resistor の略語で，温度変化に対し抵抗が鋭敏に変化し，温度が上昇すると抵抗値が急激に小さくなる。換言すれば負の温度特性をもつ半導体で，この特性は一般の金属と反対である。通常 Mg, Ni, Cr, Co, Fe, Cu 等の酸化物を 2〜3 種混合したもので 600〜1500 ℃ で焼結して造る。サーミスターの電気伝導の特徴は，その電気伝導に預かる電子や正孔が温度の上昇にしたがって急激に増加するから，その電気抵抗が急速に減少することである。半導体の理論によれば，温度 T のとき伝導電子または正孔の数は $e^{-\frac{\varepsilon}{kT}}$ に比例する。この ε は半導体の活性化エネルギーと呼ばれ，k はボルツマン定数 $(1.38064852 \pm 0.00000079) \times 10^{-23}\,\mathrm{J \cdot K^{-1}}$ である。電気抵抗は伝導電子や正孔の数に反比例するから T_0 の抵抗が R_0 であれば，T における抵抗 R は次の式で与えられる。

$$R = R_0\, e^{\frac{\varepsilon}{k}\left(\frac{1}{T} - \frac{1}{T_0}\right)} = R_0\, e^{B\left(\frac{1}{T} - \frac{1}{T_0}\right)} \tag{4.6}$$

$B = \dfrac{\varepsilon}{k}$ はサーミスターの定数である。(4.6) 式の両辺の対数をとり，常用対数に変えると，

$$\log_{10} R = B \left(\frac{1}{T} - \frac{1}{T_0}\right) \log_{10} e + \log_{10} R_0 \tag{4.7}$$

今，$\log_{10} R = y,\ \dfrac{1}{T} = x,\ \dfrac{1}{T_0} = x_0$ とおくと

$$y = 0.4343 B\, (x - x_0) + \log_{10} R_0 \tag{4.8}$$

となり，x と y の関係は直線関係である。グラフにおいて，y 軸を対数に x 軸を等間隔目盛にとれば，温度の逆数と抵抗の対数は直線になるから (図 4.1)，その勾配から活性化エネルギー ε が求められる。

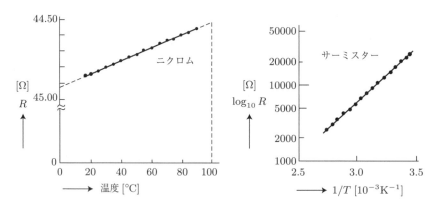

図 4.1　抵抗-温度特性の測定例

(4.6) 式より抵抗の温度係数 α は次式で与えられる。

$$\alpha = \frac{1}{R_0} \left(\frac{dR}{dT}\right)_{T=T_0} = -\frac{B}{T_0{}^2} \tag{4.9}$$

B が大きくなると α は負の値で大きくなる。この B の値は温度の単位をもち特性温度と呼ぶ。温度計測に広く利用されているサーミスターは $B = 3500\,\mathrm{K}$ 程度である。したがって $T_0 = 300\,\mathrm{K}$

では $\alpha = -4 \times 10^{-2}\,\mathrm{K}^{-1}$ となり白金の $\alpha = -4 \times 10^{-3}\,\mathrm{K}^{-1}$ より 10 倍大きく，符号が反対である。活性化エネルギー ε は $\varepsilon = Bk$ で求められ，半導体のキャリヤー (電流の担い手，電子や正孔) が拡散するために必要なエネルギーである。この ε が大きいことは，キャリヤーが拡散する際にそれだけ高いポテンシャルの山を越えなければならないことであり，拡散係数が小さいことである。つまり電荷が運ばれにくく電気抵抗が大きいことと同じである。サーミスターは大きな温度係数の利点を生かして，温度測定素子として利用されているが，その利点は温度による抵抗変化が大きいこと，感温部形状が小さいこと，零接点等の基準温度が不要なことなどである。また欠点は個々のサーミスターの温度係数が異なり，同一の特性が得られないこと，抵抗値の経年変化があることなどである。

表 4.1　物質の抵抗率および温度係数

種類	物質名	抵抗率 $\rho\,[\Omega \cdot \mathrm{m}]$		温度係数 $\alpha_{0,100}\,[\mathrm{K}^{-1}]$
金属	銀	20°C	1.62×10^{-8}	4.1×10^{-3}
	銅	20°C	1.72×10^{-8}	4.3×10^{-3}
	アルミニウム	20°C	2.75×10^{-8}	4.2×10^{-3}
	鉄	20°C	9.8×10^{-8}	6.6×10^{-3}
	タングステン	20°C	5.5×10^{-8}	5.2×10^{-3}
	マンガニン	20°C	$(42 \sim 48) \times 10^{-8}$	$(-0.03 \sim +0.02) \times 10^{-3}$
	ニクロム	20°C	109×10^{-8}	0.10×10^{-3}
絶縁体	パラフィン		$10^{14} \sim 10^{17}$	
	硬質塩化ビニール		10^{14}	
	ナイロン		$10^{10} \sim 10^{13}$	
半導体	Si		$10^{-4} \sim 10^{-2}$	
	Ge		$10^{-6} \sim 10^{-1}$	

2.3　コンピュータを利用した計測

この実験では，計測にコンピュータを用いる。利用するソフトウェアはナショナルインスツルメンツ社の LabVIEW を用いて作成されたものである。このソフトは，計測，評価，試験などの制御システムに利用されているもので，通常のプログラミングとは異なり，測定器を表すアイコンなどをワイヤーで結びつけ，フローチャート (流れ図) を描くようにして測定プログラムを作成するグラフィカルなプログラミング言語である (図 4.2)。

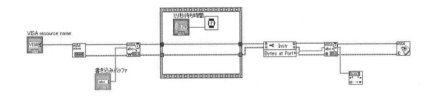

図 4.2　LabVIEW

測定では，あらかじめ作成されたプログラムを用いるが，実際の計測を始める前に，LabVIEW で簡易なプログラムを作成し，その動作を確認して，コンピュータを用いた計測に関して学ぶ。

3　装置

図 4.3 のように電気炉内の金属ブロックの孔中にサーミスター，ニクロム線がある。それらの抵抗にはリード線がつながれていて，デジタルマルチメータで抵抗値を測定する。またブロックの中央には熱電対があり，これもデジタルマルチメーターにつながれていて，これにより温度を計測する。デジタルマルチメーターはコンピュータによって制御される。制御には LabVIEW で作成されたソフトウェアを使用する。

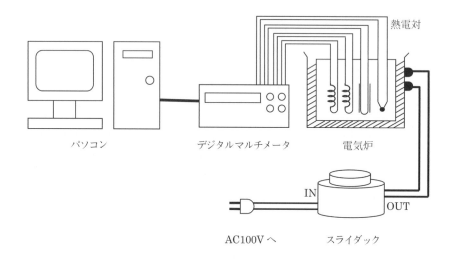

図 4.3　実験装置

4　実験方法

以下，実験の手順をあげる。

- LabVIEW を用いて簡易な測定プログラムを作成する。
- 抵抗の温度依存性を計測する。
- ニクロム線の直径を測定する。
- 抵抗の温度依存性をグラフ化し，抵抗率，温度係数，サーミスターの活性化エネルギーを求める。

別途，資料のある項目もあるので，適宜参照しながら実験する。以下では，その概略を述べる。

4.1　LabVIEW を用いた測定プログラムの作成

最初に，LabVIEW を用いて簡単な抵抗測定プログラムを作成する。抵抗値はデジタルマルチメータ (Keithley 2000) で測定する (図 4.4)。Keithley2000 はコンピュータとの通信用に，

RS-232-C (com ポート) と GPIB (IEEE-488) のインターフェイスを備えている (図 4.5)。

図 4.4 Keithley 2000 (前)

図 4.5 後パネルのコネクター

この測定では測定値を GPIB (あるいは RS-232-C) を用いて，コンピュータに転送する。図 4.6 に，転送に用いるケーブルとコンピューター側のコネクターを示す。これらのインターフェイスを LabVIEW を用いて制御することによって，測定値をコンピュータに取り込み，ファイルとして保存する。ここでは，簡単な測定プログラムを作成し，コンピュータを用いた測定に関して，基本的な知識を得る。

(a)RS-232-C ケーブル

(b) COM ポート

(c) GPIB ケーブル

(d) GPIB ボード

図 4.6 RS232C と GPIB

図 4.7 にプログラム例を示す。LabVIEW では，各機能を表すアイコンをワイヤーで連結することで，プログラムを作成する。ワイヤーはデータの流れを示し，アイコンは，Keithley 2000 など実際の測定装置や画面上に表示されるグラフ，あるいは結果を記録するファイル，時間待ちの機能，演算器等を示す。

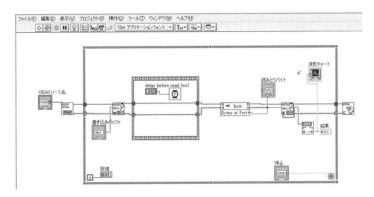
図 4.7 LabVIEW のダイヤグラム

　測定値を処理するフローチャートを描くように，プログラミングする。また，結果の表示のために「パネル」と呼ばれる出力画面が用意されている (図4.8)。パネル上の表示器，グラフなどは先のプログラミング画面 (ダイアグラムという) 上のアイコンと関連づけられている。

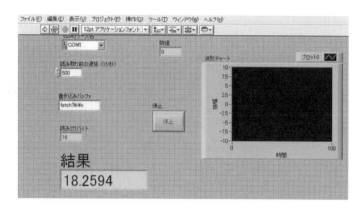

図 4.8　LabVIEW のパネル

　ここでは Keithley 2000 から受けた測定値を画面上にグラフとして表示するプログラムを作成する。(以降，詳細は備え付けの資料を参照すること)。

4.2　抵抗値の温度依存性の計測

　次に，ニクロム線とサーミスターの抵抗値の温度依存性を測定する。最初にコンピュータ画面上にある温度依存性測定用 VI (Virtual Instrumentation：仮想計測器) のアイコンをダブルクリックして測定用のプログラムを起動する (図 4.9)。

　プログラムをスタートさせると，測定値を記録するファイル名の入力窓が表示されるので，実験者氏名や日付等を含めるなど，作成者が特定できるような名称を記入する。この後測定が開始される。最初の測定は室温での抵抗測定である。温度と 2 種の抵抗

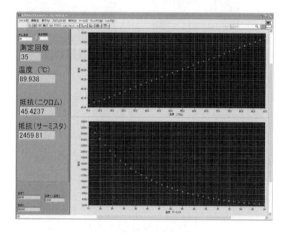

図 4.9　抵抗値の温度依存性測定プログラム

値を測定するが，Keithley2000 は内部に切替器を備えていて自動的に順次切り替えながら測定する。室温での測定が完了すると，測定プログラムは温度測定を繰り返しながら，一定温度の変化があるまで待機状態となる。

　ここで，電気炉をヒーターで加熱して抵抗の温度を上昇させる。スライダックのつまみを 30V 程度にセットして，ヒーターに電流を流す。炉の温度がゆっくりと上昇し，一定の温度間隔で測定が繰り返される (確認すること)。測定は温度が 90℃ に達するまで繰り返される (温度が 90℃ に達して測定が終了したら，スライダックの電圧をゼロに戻す)。

　温度上昇を待つ間に，ニクロム線の直径 d をマイクロメーターで測定する。一つの場所で直交する方向に 2 回測定し，平均をとる。この測定を測定点を代えながら 3 カ所で測定し，平均値 $\bar{d}$ を求める。結果は所定の用紙に記入する。

5 解析

ここでは温度依存性の測定結果をもとにして，ニクロム線，サーミスターの抵抗の温度特性を調べる。

最初に温度特性の測定データを Open Office の Calc というソフトに読み込む。先に Calc を起動した後，データファイルを Calc 上にドラッグアンドドロップしてデータを読み込む。温度や2種の抵抗の抵抗値が，列として取り込まれるが，それぞれの列の先頭に「温度」等のラベルを記入し，

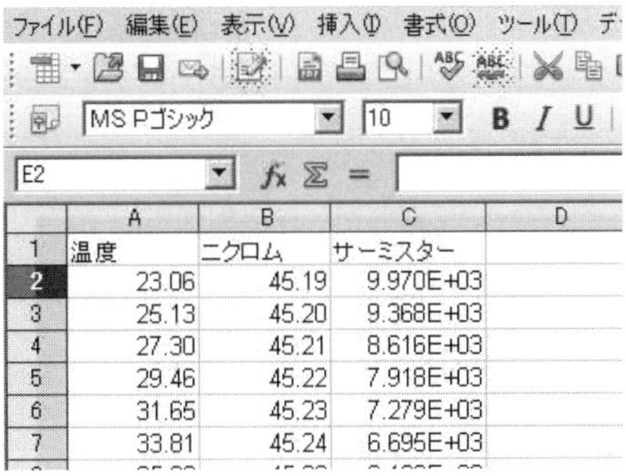

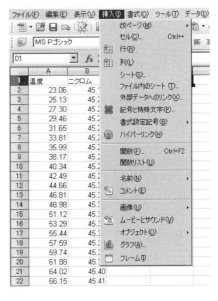

図 4.10 Open Office Calc

測定値の有効数字を4桁の表示とする (図 4.10)。印刷プレビューを見て，このシートに罫線を加え，一枚の紙に収まるように調整をして印刷する。以降，解析の詳細は報告用紙と備え付けの資料を参照し，また作成した Calc ファイルは適宜保存をしておくこと。

5.0.1 ニクロム線

ニクロム線の解析では，測定結果から (4.2) 式に相当する温度特性を示す線形近似式を求めて，0℃, 20℃, 100℃ での抵抗値と抵抗率を導く。また 0℃ から 100℃ 間の温度係数を求める。

具体的には測定データから「温度」と「ニクロム」の列をコピーして，それを新しいシートに貼り付ける (あるいは，すべてのデータをコピーして不要な列を削除する)。このシートに横軸を温度，縦軸を抵抗値としたグラフを作成する。メニューバーの「挿入」から「グラフ」を選択すると (図 4.11)，グラフ作成のウィザードが始まるが，ここでグラフの種類は散布図を選ぶ。次にグラフに線形近似の式を追加する。グラフのデータ点上で右クリックして，回帰曲線を挿入する (図 4.12)。回帰の種類は線形 (直線) で，回帰曲線の等

図 4.11 グラフの挿入

式もグラフ上に表示する (図 4.13)。印刷プレビューで確認した後，シートを印刷する。

得られた近似式から報告用紙にしたがって，0℃, 20℃, 100℃ での抵抗値を求める。ニクロム線の直径 d から線の断面積 S を計算し，与えられた試料の長さ ℓ を用いて，0℃, 20℃, 100℃ での抵抗率を求める。それらの結果から温度係数を導出する。0℃ から 100℃ 間の温度係数として (4.5) 式を用いる。得られた抵抗率と温度係数を表 4.1 の値と比較する。

ニクロム線のみ報告用紙にしたがって，シート上の計算から線形近似式を導出する。温度を x，抵抗値を y として最小二乗法を用いて $y = ax + b$ の線形関係を見いだすときには，測定値をそれぞれ x_i, y_i, 測定回数を N として，係数 a, b の最確値 $\langle a \rangle$, $\langle b \rangle$ およびそれらの不確かさ $\sigma_{\langle a \rangle}$,

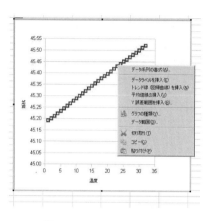

図 4.12 回帰曲線の挿入

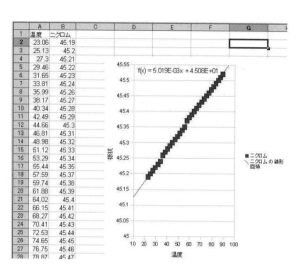

図 4.13 ニクロム線のグラフ

$\sigma_{\langle b \rangle}$ は下記の式で与えられる。

$$\langle a \rangle = \frac{1}{N \sum x_i^2 - \left(\sum x_i\right)^2} \times \left(N \sum x_i y_i - \sum x_i \sum y_i\right) \tag{4.10}$$

$$\langle b \rangle = \frac{1}{N \sum x_i^2 - \left(\sum x_i\right)^2} \times \left(\sum x_i^2 \sum y_i - \sum x_i \sum x_i y_i\right) \tag{4.11}$$

$$\sigma_{\langle a \rangle} = \sqrt{\frac{N}{N \sum x_i^2 - \left(\sum x_i\right)^2}} \times \sigma_y \tag{4.12}$$

$$\sigma_{\langle b \rangle} = \sqrt{\frac{\sum x_i^2}{N \sum x_i^2 - \left(\sum x_i\right)^2}} \times \sigma_y \tag{4.13}$$

$$\sigma_y^2 = \frac{1}{N(N-2)} \left(\left(N \sum y_i^2 - \left(\sum y_i\right)^2\right) - \langle a \rangle^2 \left(N \sum x_i^2 - \left(\sum x_i\right)^2\right) \right) \tag{4.14}$$

シート上で，$\sum x_i$，$\sum x_i y_i$ 等の値を計算し，上記の式にあてはめて $\langle a \rangle$，$\langle b \rangle$，$\sigma_{\langle a \rangle}$，$\sigma_{\langle b \rangle}$ を求める。

5.0.2 サーミスター

サーミスターの解析では，横軸は絶対温度の逆数 $\frac{1}{T}$，縦軸は抵抗値の対数値 $\log_{10} R$ を用いてグラフを作成する。グラフを作成する前に $\frac{1}{T}$，$\log_{10} R$ をシート上で計算する（図 4.14）。

$\frac{1}{T}$ の列と $\log_{10} R$ の列を用いてグラフを作成し，近似式を追加する。以下報告用紙にしたがって，グラフの勾配を求める。

以下に，勾配の計算例をあげる（実験ではこの計算は行わない。グラフに追加した近似式の傾きの値を用いてよい）。抵抗が 32℃ で 3200 Ω，89.6℃

で $547\,\Omega$ ならば,

$$勾配 = \frac{\log_{10} 3200 - \log_{10} 547}{(3.28 - 2.76) \times 10^{-3}} = \frac{(3.50 - 2.74)}{0.52 \times 10^{-3}} = 1.46 \times 10^3 \,\mathrm{K}$$

$B \log_{10} e \fallingdotseq 0.434294 \times B = 勾配$, からサーミスターの特性温度 B および $273.15\,\mathrm{K}\,(0\,℃)$ における抵抗 R_0 を求める。また活性化エネルギー ε を $[\mathrm{eV}]$ 単位で算出する。また $20\,℃\,(293.15\,\mathrm{K})$ におけるサーミスターの温度係数 α を有効数字 3 桁で求める。

5.1 結果について

抵抗線については各温度での実験値, サーミスターは特性温度など, それに加えて表 4.1 からの値を次のような表にまとめること (報告用紙に記入)。単位も必ず記載すること。

			ニクロム		サーミスター
実験値	グラフより計算	R_0		B	
		R_{100}		R_0	
		ρ_0		ε	
		ρ_{100}		α	
		ρ_{20}			
		α			
実験値	最小二乗法	R_0			
		R_{100}			
		α			
比較する	正確な値	ρ_{20}			
		α			

実験 5

コンデンサーの放電電流の測定

1 目的

コンデンサーの放電電流を測定し，指数関数型減衰が得られることを確かめ，時定数を求める。さらに，平均寿命，半減期との関連を考察する。

また，変数変換することにより単純な 1 次関数になる 4 種類の関数について，等軸グラフ，片対数グラフ，両対数グラフを用いて解析する方法を総合的に理解する。

2 原理

コンデンサーは金属板を等しい間隔で向かい合わせた電気素子で，その両端に電圧 V [V] をかけると電荷 Q [C] が蓄えられる。このときコンデンサーの両端にかかる電圧 V と，そのときにコンデンサーに蓄えられる電荷 Q とは比例する。

$$Q = CV \tag{5.1}$$

この比例定数がコンデンサーの容量 C [F] である。この電荷 Q を図 5.1 のような電気回路を用いて放電するとき，流れる電流 I [A] は次のようになる。

$$I = -\frac{dQ}{dt} \tag{5.2}$$

回路の抵抗を R [Ω] とすると，次のオームの法則が成り立つ。

$$V = RI \tag{5.3}$$

(5.2) 式の Q に (5.1) 式を代入すると，

$$I = -\frac{d(CV)}{dt} = -C\frac{dV}{dt} \tag{5.4}$$

(5.4) 式の V に (5.3) を代入すると，

$$I = -C\frac{d(RI)}{dt} = -CR\frac{dI}{dt} \tag{5.5}$$

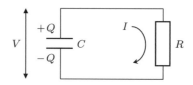

図 5.1 コンデンサーと抵抗からなる回路

(5.5) 式を変形して

$$\frac{dI}{I} = -\frac{1}{CR}dt \tag{5.6}$$

(5.6) 式の両辺を積分して

$$\int \frac{dI}{I} = -\frac{1}{CR}\int dt \tag{5.7}$$

$$\log_e I = -\frac{1}{CR}t + a \tag{5.8}$$

となる。ただし，a は積分定数である。初期条件として時刻 $t = 0$ で $I = I_0$ を (5.8) 式に代入して，

$$a = \log_e I_0 \tag{5.9}$$

(5.9) 式を (5.8) 式に代入して

$$\log_e I = -\frac{1}{CR}t + \log_e I_0 \tag{5.10}$$

(5.10) 式で，縦軸に $\log_e I$ を，横軸に時刻 t をとると，縦軸切片 $\log_e I_0$，勾配 $-\dfrac{1}{CR}$ より時定数 $\tau = CR$ が得られる。

(5.10) 式を変形して

$$\log_e I - \log_e I_0 = -\frac{1}{CR}t \tag{5.11}$$

さらに変形して $\log_e (I/I_0) = -\dfrac{1}{CR}t$ より

$$\frac{I}{I_0} = \exp\left\{-\frac{1}{CR}t\right\}$$

$$I = I_0 \cdot \exp\left\{-\frac{1}{CR}t\right\} \tag{5.12}$$

(5.12) 式より電流 I は時刻 $t = 0$ の時の I_0 から時間を経るにしたがい指数関数的に減衰することが理解できる。(5.12) 式で時刻 $t = \tau = CR$ を代入すると，その時の電流 I は

$$I = I_0 \cdot \exp\left\{-\frac{1}{CR}\tau\right\}$$

$$= I_0 \cdot \exp\left\{-\frac{1}{CR}CR\right\}$$

$$= I_0 \cdot \exp(-1) = \frac{I_0}{e} \tag{5.13}$$

即ち時定数 τ は最初の電流 I_0 の $\dfrac{1}{e} \cong 1/2.718 \cong 37\%$ までに減衰するに要する時間であり，同様な指数関数的現象を示す放射性同位元素の崩壊の場合や化学反応での一次反応の場合には**平均寿命**と称せられる。

同様に，電荷 Q，電圧 V についても次のようになる。

$$Q = Q_0 \cdot \exp\left\{-\frac{1}{CR}t\right\} \tag{5.14}$$

$$V = V_0 \cdot \exp\left\{-\frac{1}{CR}t\right\} \tag{5.15}$$

　この様にして，充電したコンデンサーが放電するとき，電荷，電流，電圧は全て指数関数的に減衰することがわかる。また，上式から明らかなように，容量と抵抗の積 $CR(=\tau)$ は時間の次元を持っている。それ故に τ を**時定数** (time constant) と呼ぶ。

$$\begin{aligned}
\tau\,[\mathrm{s}] &= C\,[\mathrm{F}]\ R\,[\Omega] \\
&= C\,[\mathrm{m^{-2}\ kg^{-1}s^4\ A^2}]\ R\,[\mathrm{m^2\ kg\ s^{-3}\ A^{-2}}]
\end{aligned} \tag{5.16}$$

すなわち，時定数 τ は，電荷，電流，電圧が始めの値の $1/e$ に減衰するまでの時間を表す。

片対数グラフから勾配を求める方法

　片対数グラフにプロットできるのは常用対数であるから，自然対数と常用対数の関係

$$\log_e x = \frac{\log_{10} x}{\log_{10} e} \cong \frac{\log_{10} x}{0.4343} \cong 2.303 \log_{10} x \tag{5.17}$$

を用いて，係数 2.303 を常用対数値に考慮しなければならない。

　片対数グラフ用紙上に描かれた直線の傾きから時定数を求める基本的な方法は以下の通りである。

　(5.12) 式が成立しているとすると，両辺の自然対数をとれば，(または (5.10) 式より)

$$\log_e I = \log_e I_0 - \frac{1}{CR}t$$

である。直線上の 2 点を $(t_1, I_1), (t_2, I_2)$ とすると，

$$\log_e I_1 = \log_e I_0 - \frac{1}{CR}t_1$$

$$\log_e I_2 = \log_e I_0 - \frac{1}{CR}t_2$$

故に，$\log_e I_1 - \log_e I_2 = -\left[\dfrac{1}{CR}\right] \cdot [t_1 - t_2]$ これにより，

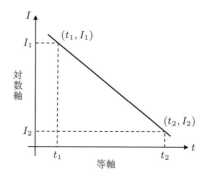

図 5.2　片対数グラフプロット

$$\begin{aligned}
CR &= \frac{[t_2 - t_1]}{[\log_e I_1 - \log_e I_2]} \\
&= \frac{t_2 - t_1}{2.303\,[\log_{10} I_1 - \log_{10} I_2]}
\end{aligned} \tag{5.18}$$

(5.18) 式で 2 点 $(t_1, \log_{10} I_1), (t_2, \log_{10} I_2)$ の値は片対数グラフ用紙上に描かれた直線上の適当な 2 点から読み取ることができる。

指数関数のグラフ

　例として，

$$y = 10\,\exp\left(-\frac{x}{4}\right) \tag{5.19}$$

について関数電卓またはパソコンを用いて下表を作り，等軸グラフ，片対数グラフ用紙を用いてプロットしてみると下記のようになる。

(a) x	0	1	2	3	4	5	6
(b) $y = 10 \exp\left(-\dfrac{x}{4}\right)$	10	7.788	6.065	4.724	3.679	2.865	2.231
(c) $Y_1 = \log_{10} y$	1	0.891	0.783	0.674	0.566	0.457	0.349
(d) $Y_2 = \log_e y$	2.303	2.053	1.803	1.553	1.303	1.053	0.803

(5.19) 式を変形して以下の二つの式を得る。

$$\log_e y = \log_e 10 - \frac{x}{4} \cong 2.303 - \frac{x}{4} \tag{5.20}$$

$$\log_{10} y = \log_{10} 10 - \frac{x}{4} \cdot \log_{10} e = 1 - \frac{x}{4} \cdot \log_{10} e \cong 1 - 0.4343 \cdot \frac{x}{4} \tag{5.21}$$

表の (a) を横軸に，(b) を縦軸に等軸グラフを用いてプロットすると図 5.3 の指数関数的減衰のグラフになる。表の (a) を横軸に，(b) を縦軸に片対数グラフを用いてプロットすると図 5.4 の直線のグラフになる。表の (a) を横軸に，(c) を縦軸に等軸グラフを用いてプロットすると図 5.5 の直線 Y_1 のグラフになる。表の (a) を横軸に，(d) を縦軸に等軸グラフを用いてプロットすると図 5.5 の直線 Y_2 のグラフになる。

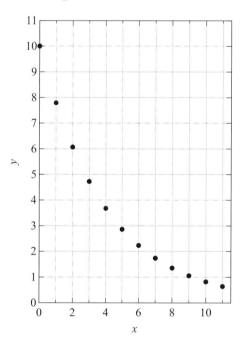

図 5.3　等軸グラフでのプロット

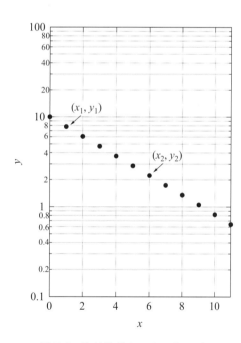

図 5.4　片対数グラフでのプロット

図 5.4 の片対数グラフの 2 点 (x_1, y_1) と (x_2, y_2) より勾配を求めてみる。$y = A \exp(-Bx)$ として，両辺の対数をとると，$\log_e y = \log_e A - Bx$ になる。直線上の 2 点 $(x_1, y_1), (x_2, y_2)$ を代入すると，

$$\log_e y_1 = \log_e A - Bx_1$$

$$\log_e y_2 = \log_e A - Bx_2$$

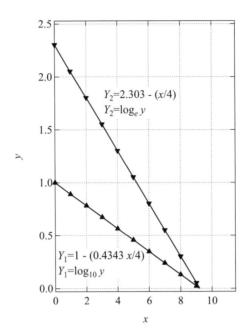

図 5.5　等軸グラフでのプロット

これら二つの式の差をとると，

$$\log_e y_1 - \log_e y_2 = -B\,(x_1 - x_2)$$

$$-B = \frac{\log_e y_1 - \log_e y_2}{x_1 - x_2}$$

これにより，勾配は

$$-B = \frac{2.053 - 0.803}{1 - 6} = -0.25 = -\frac{1}{4}$$

と求めることができる。

3　実験方法

　図 5.6 のような回路を作る。スイッチ K を閉じると，コンデンサー（容量 C）は充電され，抵抗（抵抗値 R）と電流計に電流が流れる。

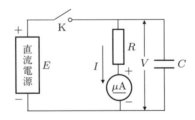

図 5.6　実験回路

　次にスイッチ K を開き，直流電源を切り離すとコンデンサーの放電が始まる。スイッチを開いた時刻を基準（$t = 0$）にして，電流値が表に示す値（$I = 9\,\mu\mathrm{A}, 8\,\mu\mathrm{A}, \cdots, 1\,\mu\mathrm{A}$）になる時刻を，

ストップウォッチのラップ測定機能を利用して順次読み取っていく。ただし，放電電流の最大値（初期値）は測定しておく。

この様にして得られた電流と時間の関係を，方眼紙にプロットすると指数関数的に変化することがわかる。また，片対数グラフ用紙にプロットすると直線になり，電流が指数関数的に減衰することが確かめられる。この直線の傾きから時定数 $\tau = CR$ を求めることができる。

4 解析

コンデンサー $C_1 =$＿＿＿＿＿＿ μF，　抵抗 $R =$＿＿＿＿＿＿ MΩ

時刻 t 秒	0				
電流 I μA		9	8	7	6
$\log_e I$					
$\log_{10} I$					

時刻 t 秒					
電流 I μA	5	4	3	2	1
$\log_e I$					
$\log_{10} I$					

表 5.1　容量の大きい方のコンデンサー

コンデンサー $C_2 =$＿＿＿＿＿＿ μF，　抵抗 $R =$＿＿＿＿＿＿ MΩ

時刻 t 秒	0				
電流 I μA		9	8	7	6
$\log_e I$					
$\log_{10} I$					

時刻 t 秒					
電流 I μA	5	4	3	2	1
$\log_e I$					
$\log_{10} I$					

表 5.2　容量の小さい方のコンデンサー

(1) 等軸グラフを用いて，表 5.1 および表 5.2 の電流 I [μA] の指数関数的減衰をプロットする。

(2) 片対数グラフ（横軸:等軸目盛，縦軸:常用対数目盛）を用いて，表 5.1 および表 5.2 で，時刻 t の関数として電流 I [μA] をプロットし，直線にのるかどうかを確かめる。その直線の**傾きを片対数グラフから勾配を求める方法**を参照して時定数 τ を求める。そして，求めた時定数 τ [s] と C [μF]$\times R$ [MΩ] の値とを比較する。

   (a)　容量の大きい方の試料コンデンサーの場合

$C_1 =$＿＿＿＿＿ $\mu\mathrm{F}$,　　$R =$＿＿＿＿＿ $\mathrm{M}\Omega$

$C_1\,[\mu\mathrm{F}] \times R\,[\mathrm{M}\Omega] =$＿＿＿＿＿＿ $\mu\mathrm{F}\ \times$ ＿＿＿＿＿＿ $\mathrm{M}\Omega =$＿＿＿＿＿＿ s

グラフの勾配から求めた時定数 $\tau_1 = \dfrac{\rule{2cm}{0.4pt}}{\rule{2cm}{0.4pt}} =$ ＿＿＿＿＿＿ s

   (b)　容量の小さい方の試料コンデンサーの場合

$C_2 =$＿＿＿＿＿ $\mu\mathrm{F}$,　　$R =$＿＿＿＿＿ $\mathrm{M}\Omega$

$C_2\,[\mu\mathrm{F}] \times R\,[\mathrm{M}\Omega] =$＿＿＿＿＿＿ $\mu\mathrm{F}\ \times$ ＿＿＿＿＿＿ $\mathrm{M}\Omega =$＿＿＿＿＿ s

グラフの勾配から求めた時定数 $\tau_2 = \dfrac{\rule{2cm}{0.4pt}}{\rule{2cm}{0.4pt}} =$ ＿＿＿＿＿＿ s

(3)　等軸グラフを用いて，上記の表 5.1 および表 5.2 で，時刻 t の関数として $\log_e I$ および $\log_{10} I$ をプロットし，直線にのるかどうかを確かめる。

設問

(1) 指数関数的に減衰する現象は自然界には多い。たとえば，放射性同位元素の崩壊 (decay) では，時間 dt の間に崩壊によって変化する原子の数 dN はその時点での原子の数 N に比例するので，k を比例定数 (壊変定数 decay constant) として

$$dN = -kN dt \tag{5.22}$$

と表され，これを解いて

$$N = N_0 e^{-kt} \tag{5.23}$$

となる。ただし，N_0 は原子の数 N の初期値 ($t = 0$ での原子数) である。

(a) (5.5) 式から (5.12) 式までを参照して，(5.22) 式, (5.23) 式を導出しなさい。

(b) (5.22) 式の比例定数 k と半減期 $t_{1/2}$ はどの様な関係があるかを示しなさい。

(c) (5.22) 式の比例定数 k と平均寿命 $t_{寿命}$ はどの様な関係があるかを示しなさい。

(d) 半減期 $t_{1/2}$ と平均寿命 $t_{寿命}$ とはどの様な関係があるかを導出し，式と図を用いて説明しなさい。

(2) 物性物理学や化学の領域で現れる関数は，適当な式変形により単純な 1 次関数（直線）となる場合がある。

(例 1) 放射性同位元素の崩壊または化学一次反応またはコンデンサーの放電電流（本実験）

$$Y = ae^{-bx} \tag{5.24}$$

$$\log_e Y = -bX + \log_e a \tag{5.25}$$

(例 2) Langmuir (ラングミュアー) の式 $\cdots$ 固体表面の吸着現象（活性炭素への CO の吸着）

$$Y = \frac{bX}{1 + aX} \tag{5.26}$$

$$\frac{1}{Y} = \frac{1}{b} \cdot \frac{1}{X} + \frac{a}{b} \tag{5.27}$$

(例 3) Freuntdilch (フロイントリッヒ) の式 $\cdots$ 固体表面の吸着現象（活性炭素へのシュウ酸（溶液）の吸着）

$$Y = aX^b \tag{5.28}$$

$$\log_{10} Y = b \log_{10} X + \log_{10} a \tag{5.29}$$

(例 4) Arrhenius (アレニウス) の式 $\cdots$ サーミスターの抵抗値の温度依存性

$$Y = ae^{-b/X} \tag{5.30}$$

$$\log_e Y = -\frac{b}{X} + \log_e a \tag{5.31}$$

(a)　$Y = 8e^{-6X}$ について表 5.3 を作成し，(5.24) 式を等軸グラフ，(5.25) 式を等軸グラフおよび片対数グラフを用いて描きなさい。(5.25) 式から得たグラフが直線になるかを調べなさい。また，その勾配を求めなさい。

表 5.3　例 1 の場合

X	0	0.05	0.1	0.15	0.2	0.25	0.3	0.35	0.4	0.5
Y										
$\log_e Y$										

$$勾配 = \frac{\underline{\qquad} -\underline{\qquad}}{\underline{\qquad} -\underline{\qquad}} = \underline{\qquad\qquad} \cong -6$$

(b)　$Y = \dfrac{2X}{1 + 4X}$ について表 5.4 を作成し，(5.26) 式を等軸グラフ，(5.27) 式を等軸グラフを用いて描きなさい。(5.27) 式から得たグラフが直線になるかを調べなさい。また，その勾配を求めなさい。

表 5.4　例 2 の場合

X	0.1	0.2	0.3	0.4	0.5	0.6	0.7	0.8	0.9	1
$1/X$										
Y										
$1/Y$										

$$勾配 = \frac{\underline{\qquad} -\underline{\qquad}}{\underline{\qquad} -\underline{\qquad}} = \underline{\qquad\qquad} \cong -\frac{1}{2}$$

(c)　$Y = 2X^{1/2}$ について表 5.5 を作成し，(5.28) 式を等軸グラフ，(5.29) 式を等軸グラフおよび両対数グラフを用いて描きなさい。(5.29) 式から得たグラフが直線になるかを調べなさい。また，その勾配を求めなさい。

表 5.5　例 3 の場合

X	0.1	0.2	0.3	0.4	0.5	0.6	0.7	0.8	0.9	1
$\log_{10} X$										
Y										
$\log_{10} Y$										

$$\text{勾配} = \frac{\quad - \quad}{\quad - \quad} = \underline{\qquad\qquad} \cong \frac{1}{2}$$

(d)　$Y = 2e^{-3/X}$ について表 5.6 を作成し，(5.30) 式を等軸グラフ，(5.31) 式を等軸グラフおよび片対数グラフを用いて描きなさい。(5.31) 式から得たグラフが直線になるかを調べなさい。また，その勾配を求めなさい。

表 5.6　例 4 の場合

X	1	2	3	4	5	6	7	8	9	10
$1/X$										
Y										
$\log_e Y$										

$$\text{勾配} = \frac{\quad - \quad}{\quad - \quad} = \underline{\qquad\qquad} \cong -3$$

実験 6

比重瓶による物質の密度測定

1 目的

方鉛鉱 (PbS)，シリコン (Si)，ルチル (TiO₂) の結晶の密度を測定し，方鉛鉱については格子定数および原子間距離を求める。また，シリコンおよびルチルについては結晶模型から密度を計算し，実験値と比較する。

2 原理

図 6.1 はゲーリュサック比重瓶である。① せん，② 本体の部分よりなる。**破損しないように取扱いに注意する。**また，せんは**上下を逆にしてつけないように注意する。**

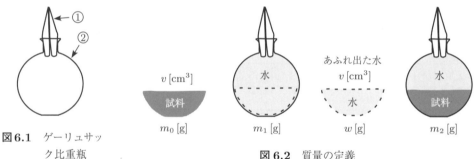

図6.1　ゲーリュサック比重瓶

図6.2　質量の定義

密度を求める粒状試料の質量が m_0 [g]，温度が t [℃] でこの試料の体積が v [cm³] であるとき，この物質の密度 ρ_{obs} [g/cm³] は

$$\rho_{\mathrm{obs}} = \frac{m_0}{v} \tag{6.1}$$

と書ける。水がいっぱい入った状態の比重瓶の質量を m_1 [g] とする。試料を全部比重瓶に入れると，試料と同じ体積 v だけ水が比重瓶からあふれ出る。あふれ出た水をふき取って測った比重瓶の質量を m_2 [g] とすれば，あふれ出た水の質量 w は，

$$w = m_0 + m_1 - m_2 \tag{6.2}$$

と書ける。この温度 t における水の密度を ρ_t [g/cm³] とすると，$v = \dfrac{w}{\rho_t}$ と表せるので，これと (6.2) 式を (6.1) 式に代入して

$$\rho_{\mathrm{obs}} = \frac{m_0}{\frac{w}{\rho_t}} = \frac{m_0}{w} \times \rho_t$$

$$= \frac{m_0}{m_0 + m_1 - m_2} \times \rho_t \tag{6.3}$$

を得る。

もし，空気の浮力を考慮すると粒状試料の密度 ρ_v は次式になる。

$$\rho_v = \rho_{\mathrm{obs}} + \left(1 - \frac{\rho_{\mathrm{obs}}}{\rho_t}\right)\sigma_t \tag{6.4}$$

ここで，$\sigma_t\,[\mathrm{g/cm^3}]$ は空気の密度である。(6.4) 式の第 2 項目が補正項で，第 1 項に比較して 10^{-3} くらい小さい。なお，この実験では浮力の補正は行わないことにする。

一方，結晶構造がわかると，結晶の密度は，単位格子の大きさ，単位格子中に含まれる分子数から

$$\rho_{\mathrm{X}} = \frac{M \cdot Z}{N_{\mathrm{A}} \cdot V_{\mathrm{L}}} \tag{6.5}$$

によって計算できる。ここで，N_{A} はアボガドロ数，V_{L} は結晶の単位格子の体積，M は分子量，Z は単位格子中に含まれる分子数である。なお，アボガドロ数 $N_{\mathrm{A}} = 6.022140857 \times 10^{23}\,\mathrm{mol}^{-1}$ の値は，電卓の科学定数機能を用いると便利である。この多数の桁の値を用いるならば，他の有効数字の桁数が小さい量との計算に際して N_{A} の不確かさは無視できる。

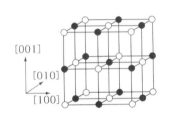

図 6.3 NaCl 型結晶構造
(NaCl, PbS)
立方晶系

図 6.4 ダイヤモンド型結晶構造
(ダイヤモンド，シリコン)
立方晶系

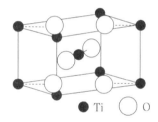

図 6.5 ルチル型結晶構造
(ルチル)
正方晶系

3 器具

ゲーリュサック比重瓶，温度計，電子天秤，乾燥機，方鉛鉱 (試料)，シリコン (試料)，ルチル (試料)，ミクロスパーテル，蒸留水，ビーカー (試料乾燥用)，洗瓶，方鉛鉱・シリコン・ルチルの結晶構造模型

4 実験方法

PbS，シリコンおよびルチル単結晶 (いずれも固体) の密度測定

(1) そなえ付けの蒸留水をビーカーにとり，ビーカーの水温を測り，これを比重瓶の水温とする。この温度での水の密度を，そなえ付けの水の密度表より求める。この際，補間計算が必要になる (5.5 参照)。

(2) 比重瓶に蒸留水を満たして，せんをする。(比重瓶中の泡を極力排除する。)

(3) 比重瓶の外部に付いた水をよくぬぐい取り電子天秤で質量 m_1 を計る。

(4) 方鉛鉱／シリコン／ルチルを適当量（数グラム）を秤量皿にとり電子天秤で試料 m_0 を計る。

(5) 比重瓶の中の蒸留水を捨てる。

(6) 比重瓶のせん ① を開け，慎重に方鉛鉱／シリコン／ルチルを比重瓶本体 ② の中に入れてせん ① をする。あふれ出た水をぬぐい質量 m_2 を電子天秤で計る。（比重瓶中の泡を極力排除する。）

(7) 式 (6.3) に m_0, m_1, m_2, ρ_t を代入して方鉛鉱，シリコン，ルチルの密度 ρ_{obs} を計算する。この際，g 単位で小数点以上の桁が引き算によって 0 になる場合は**有効数字の桁数が減少する**ことに注意する (5.6 参照)。

(8) 方鉛鉱に関しては結晶構造模型より Z，分子量 M を求め格子定数 $a\,[\text{Å}]$，および原子間距離 Pb-S $[\text{Å}]$ を求める。

(9) シリコンおよびルチルについては，実験で求めた密度 ρ_{obs} と結晶模型より求めた密度 ρ_{X} とを比較する。

(10) 個々の結晶模型を用いて，4 回回転軸，3 回回転軸，2 回回転軸，鏡像対称面と結晶の軸方向（たとえば $[100], [110], [111]$）およびミラー指数（たとえば $(100), (110), (111)$）との関連を図示して説明しなさい。

5　解析

5.1　方鉛鉱 (PbS)：NaCl 型結晶構造について

(1) 備え付けの蒸留水をビーカーに取り水温を測る。その温度で水の密度 ρ_t を求める。

t		℃	ρ_t		g/cm^3

(2) 蒸留水で満たされた比重瓶の質量 m_1 を測定する。

m_1		g

(3) 方鉛鉱を（数 g 程度）秤量皿に取り，その質量 m_0 を測定する。

m_0		g

(4) (3) の方鉛鉱を比重瓶に入れ，あふれた出た水をぬぐい質量 m_2 を測定する。

m_2		g

(5) 密度 ρ_{obs} の計算

$$\rho_{\text{obs}} \;=\; \frac{m_0}{m_0 + m_1 - m_2} \times \rho_t = \frac{(\qquad\qquad)}{(\qquad\qquad)} \times \left(\qquad\qquad\right)$$

$$=\quad \text{電卓値：}\underline{\hspace{4cm}}\text{g/cm}^3$$

　　　　=　有効数字考慮値：＿＿＿＿＿g/cm^3,　有効数字 (　　　　) 桁

方鉛鉱 (PbS)　$t =$ ＿＿＿＿＿℃ で密度 $\rho_{\mathrm{obs}} =$ ＿＿＿＿＿g/cm^3

(6)　Pb の原子量 $= 207.2$, S の原子量 $= 32.1$ (原子量の不確かさは 0.1)

分子量 $M =$ ＿＿＿＿＿g,　　分子数 $Z =$ ＿＿＿＿＿

単位立方格子の体積 $V_{\mathrm{L}} = a^3 = \dfrac{M \cdot Z}{N_{\mathrm{A}} \cdot \rho_{\mathrm{obs}}} =$ ＿＿＿＿＿Å^3, 不確かさ $\Delta V_{\mathrm{L}} =$ ＿＿＿＿＿Å^3

格子定数 $a = \sqrt[3]{V_{\mathrm{L}}} =$ 電卓値：＿＿＿＿＿＿＿Å $=$ 有効数字考慮値：＿＿＿＿＿Å,

原子間距離　Pb-S ＿＿＿＿＿Å：有効数字 (　　) 桁

5.2　シリコン (Si)：ダイヤモンド型結晶構造について

(1)　備え付けの蒸留水をビーカーに取り水温を測る。その温度で水の密度 ρ_t を求める。

t		℃	ρ_t		g/cm^3

(2)　蒸留水で満たされた比重瓶の質量 m_1 を測定する。

m_1		g

(3)　シリコンを (数 g 程度) 秤量皿に取り，その質量 m_0 を測定する。

m_0		g

(4)　(3) のシリコンを比重瓶に入れ，あふれた出た水をぬぐい質量 m_2 を測定する。

m_2		g

(5)　密度 ρ_{obs} の計算

$$\rho_{\mathrm{obs}} = \frac{m_0}{m_0 + m_1 - m_2} \times \rho_t = \frac{(\qquad)}{(\qquad)} \times (\qquad\qquad)$$

　　　　=　電卓値：＿＿＿＿＿＿＿g/cm^3

　　　　=　有効数字考慮値：＿＿＿＿＿g/cm^3,　有効数字 (　　　　) 桁

シリコン (Si)　$t =$ ＿＿＿＿＿℃で密度 $\rho_{\mathrm{obs}} =$ ＿＿＿＿＿g/cm^3

(6)　結晶模型より計算でシリコンの密度 ρ_{X} を計算する。なお，結晶密度を ρ_{X} と書くのは X 線結晶構造解析による。

Si の原子量 $= 28.09$　　（原子量の不確かさは 0.01）

分子量 $M =$ ＿＿＿＿＿g,　　分子数 $Z =$ ＿＿＿＿＿

格子定数 $a = 5.431$Å, (a の有効数字は 4 桁)

単位立方格子の体積 $V_{\mathrm{L}} = a^3 =$ ＿＿＿＿＿Å^3

結晶模型から計算したシリコンの密度 $\rho_{\mathrm{X}} = \dfrac{M \cdot Z}{N_{\mathrm{A}} \cdot V_{\mathrm{L}}} =$ ＿＿＿＿＿g/cm^3
(有効数字に注意して計算しなさい。)
上記の ρ_{X} を測定によって得られた ρ_{obs} と比較しなさい。

5.3　ルチル (TiO$_2$)：ルチル型結晶構造について

(1)　備え付けの蒸留水をビーカーに取り水温を測る。その温度で水の密度 ρ_t を求める。

t		℃	ρ_t		g/cm^3

(2)　蒸留水で満たされた比重瓶の質量 m_1 を測定する。

m_1		g

(3)　ルチルを（数 g 程度）秤量皿に取り，その質量 m_0 を測定する。

m_0		g

(4)　(3) のルチルを比重瓶に入れ，あふれた出た水をぬぐい質量 m_2 を測定する。

m_2		g

(5)　密度 ρ_{obs} の計算

$$\rho_{\mathrm{obs}} = \frac{m_0}{m_0 + m_1 - m_2} \times \rho_t = \frac{()}{()} \times \left(\right)$$

$$= \ \text{電卓値：} \underline{} \text{g/cm}^3$$

$$= \ \text{有効数字考慮値：} \underline{} \text{g/cm}^3, \quad \text{有効数字}()\text{桁}$$

ルチル (TiO_2)　$t =$ ＿＿＿＿＿℃ で密度 $\rho_{obs} =$ ＿＿＿＿＿ g/cm^3

(6)　結晶模型より計算でルチルの密度 ρ_X を計算する。
　　　Ti の原子量 = 47.87, O の原子量 = 16.00, (原子量の不確かさは 0.01)

　　　分子量 $M =$ ＿＿＿＿＿g,　　分子数 $Z =$ ＿＿＿＿＿

　　　格子定数 $a = 4.594\,\text{Å}$, $c = 2.959\,\text{Å}$, (a, c の有効数字は 4 桁)

　　　単位立方格子の体積 $V_L = a^2 \times c =$ ＿＿＿＿＿Å^3

　　　結晶模型から計算したルチルの密度 $\rho_X = \dfrac{M \cdot Z}{N_A \cdot V_L} =$ ＿＿＿＿＿g/cm^3
　　　(有効数字に注意して計算しなさい。)
　　　上記の ρ_X を測定によって得られた ρ_{obs} と比較しなさい。

5.4　実験終了時の注意点

後始末は的確にやること。特に固体試料の乾燥機による乾燥，比重瓶を逆さまにした自然乾燥を行うこと。(比重瓶は絶対に乾燥機に入れないこと。何故か？)

5.5　水の密度の補間計算

　水の密度表は 1℃ 刻みであるが，本実験では，0.1℃ の桁の温度まで読み取る。実験した温度での水の密度を求めるときには，隣接するつの温度の値の線形補間を行う。たとえば，水温が $t = 23.4$℃ の場合，$t_1 = 23.0$℃, $t_2 = 24.0$℃ の密度 $\rho_1 = 0.99754\,\text{g/cm}^3$, $\rho_2 = 0.99730\,\text{g/cm}^3$ を用いて途中の温度を推定（補間）する。

　横軸に温度 t，縦軸に密度 ρ_t をとる 2 次元平面で，点 (t_1, ρ_1) と点 (t_2, ρ_2) を通る直線は，

$$\rho_t - \rho_1 = \frac{\rho_2 - \rho_1}{t_2 - t_1} \times (t - t_1)$$

と書けるので，温度 t での密度は次式で求められる。

$$\rho_t = \frac{\rho_2 - \rho_1}{t_2 - t_1} \times (t - t_1) + \rho_1 \tag{6.6}$$

この ρ_t の不確かさ $\Delta\rho_t$ は，伝播公式より次式で表される。

$$\Delta\rho_t = \left| \frac{\rho_2 - \rho_1}{t_2 - t_1} \Delta(t - t_1) \right| + \left| \frac{t - t_1}{t_2 - t_1} \Delta(\rho_2 - \rho_1) \right|$$
$$+ \left| -\frac{(\rho_2 - \rho_1)(t - t_1)}{(t_2 - t_1)^2} \Delta(t_2 - t_1) \right| + |\Delta\rho_1| \tag{6.7}$$

ここで，補間を考える際は $\Delta(t-t_1)=0, \Delta(t_2-t_1)=0$, と見なすことができ，$\Delta(\rho_2-\rho_1)=\Delta\rho_1+\Delta\rho_2 \sim 0.00002\,\text{g/cm}^3, t_2-t_1=1\text{℃ なので，} t=23.4\text{℃ の場合は}$

$$\Delta\rho_t=\left|\frac{t-t_1}{t_2-t_1}\Delta(\rho_2-\rho_1)\right|+|\Delta\rho_1| \sim 0.000018\,\text{g/cm}^3 \tag{6.8}$$

と見積もれる。したがって，小数第5位に不確かさがあるので，$\rho_t=0.997548\,\text{g/cm}^3$ の小数第6位を四捨五入して $\rho_t \sim 0.99755\,\text{g/cm}^3$ となり，有効数字は5桁となる。この有効数字は ρ_1, ρ_2 と同じであり，補間計算によって有効数字は変化しないことがわかる。

5.6　有効数字計算の注意点

- $m_0+m_1-m_2$ の計算では，**引き算によって小数点以上の桁が0になる事がある**。m_0, m_1, m_2 の値によって**有効数字の桁数が異なる**ため注意が必要である。例を以下に示す。

m_0	m_1	m_2	$w=m_0+m_1-m_2$	有効数字
4.2358 g	26.8269 g	30.4809 g	0.5818 g	**4桁**
9.0758 g	25.2129 g	33.1242 g	1.1645 g	5桁

m_0 と ρ_t の有効数字はそれぞれ5桁であり，$m_0+m_1-m_2$ の有効数字は4桁もしくは5桁となり，ρ_{obs} の有効数字は $m_0+m_1-m_2$ の有効数字によって決まる。

- $m_0+m_1-m_2$ の計算では，小数第4位が0になることがある。たとえば，$m_0=9.0752\,\text{g}, m_1=25.2123\,\text{g}, m_3=33.1245\,\text{g}$ の場合は，電卓で計算すると，$m_0+m_1-m_2$ の数値は 1.163 と表示されるが，これをレポートの $m_0+m_1-m_2$ の計算欄にそのまま記載してはいけない。信頼性がある小数第4位が偶然に0になるだけであるので $m_0+m_1-m_2=1.1630\,\text{g}$ と記載する必要がある。1.163 の有効数字は4桁であり，1.1630 の有効数字は5桁であることに留意する必要がある。

- PbS の $a=\sqrt[3]{V_\text{L}}$ の計算は，不確かさの伝播公式もしくは電卓を使った簡便な方法を用いる。なお，V_L の不確かさを ΔV_L と表すと，格子定数 a の不確かさの絶対値 $|\Delta a|$ は次式で求められる。

$$|\Delta a|=\left|\frac{\sqrt[3]{V_\text{L}}}{3V_\text{L}}\Delta V_\text{L}\right| \tag{6.9}$$

この不確かさ計算では有効数字の桁数が上がることがあるが，本来は空気の浮力を考慮して有効数字の桁数を考える必要がある。本実験では簡単のため空気の浮力を考慮しないことにするが，実際の有効数字は3桁程度である。

設問

机上の結晶構造模型および結晶データ資料を参照して以下のことを考察しなさい。

(1) 方鉛鉱 PbS（NaCl 型結晶構造）結晶の結晶晶系，格子定数，結晶の対称性を図（図中に軸方位，ミラー指数を示せ。）を用いて説明しなさい。また，図中に 2 回回転軸，3 回回転軸，4 回回転軸と 2 種類のミラー対称面を示しなさい。

(2) シリコン Si（ダイヤモンド型結晶構造）結晶の結晶晶系，格子定数，結晶の対称性を図（図中に軸方位，ミラー指数を示せ。）を用いて説明しなさい。また，図中に 3 回回転軸を示を示しなさい。

(3) ルチル TiO_2（ルチル型結晶構造）結晶の結晶晶系，格子定数，結晶の対称性を図（図中に軸方位，ミラー指数を示せ。）を用いて説明しなさい。

実験 7

剛体の運動

1 目的

球体が斜面を滑らずに，転がり落ちる場合を考察し，回転と並進の両方をともなう剛体の運動への理解を深める。

2 原理

2.1 自由落下運動

ガリレオは彼の著作『新科学論議』の中で自由落下運動を取り上げた。ここで，落下速度は落下時間に比例するという仮説を立てた。それは，落下距離 $\propto$ (落下時間)^2 と言いかえられる。ガリレオは，この仮説を立証する実験を試みた。自由落下をそのまま測定するのは困難だったので，かわりに斜面を用いた実験を行った。斜面上で真鍮の球を転がして，落下距離 $\propto$ (落下時間)^2 の関係が成り立つことを確認した。この関係は，斜面の傾きを変えても成立したので，傾斜角 90°，つまり自由落下の場合にも成り立つと彼は結論している。

ガリレオは，真鍮の球を"質点"として取り扱ったが，実際は"剛体"であって，大きさがある。そこでこの実験では，剛体として取り扱っても，やはり等加速度運動となること，球体を用いた場合加速度は質量や半径に依らず一定の値になることの二点を確認しよう。ただし観測にはガリレオの時代とは違って，赤外線センサーとコンピュータを用いる。

2.2 斜面上の落下運動

この実験では図 7.1 に示されるような，斜面を滑らずに転がり落ちる球体の運動を考える。重力加速度を g，斜面の角度を θ，球体の半径を R，質量を M とする。まず並進運動と回転運動の関係として以下の条件がある。球体の重心の斜面に沿った速度を v とすると，回転の角速度 ω は下記のように表せる。

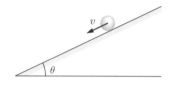

図 7.1 斜面を転がる球体

$$R\omega = v$$
$$\omega = \frac{v}{R}$$

斜面を転がる場合には，上記の角速度での回転運動を伴う。落下によって位置エネルギーが運動エネルギーへと変化するとき，並進と回転の両方にエネルギーが分配され，その結果，並進のみの場合と比較すると並進運動の速度は小さくなる。以下，エネルギー保存則を用いて，球体の加

速度 $\dfrac{dv}{dt}$ を求めてみる。

2.3　角速度 ω で回転する球の運動エネルギー

図 7.2 のように固定軸のまわりをを回転している質量 m の質点の運動エネルギーは，

$$\frac{1}{2}mv^2 = \frac{1}{2}m\,(r\omega)^2 \tag{7.1}$$

$$= \frac{1}{2}\left(mr^2\right)\omega^2 \tag{7.2}$$

ただし r は円運動の半径，ω は角速度である。次に図 7.3 のような円板の運動エネルギーを考える。円板の質量は M で半径は R である。まず図のように中心から r の位置にある幅 Δr の部分の運動エネルギーを求めると

$$\frac{1}{2}\left(\frac{2\pi r\Delta r}{\pi R^2}M\right)(r\omega)^2 = \frac{M\omega^2}{R^2}r^3\Delta r \tag{7.3}$$

式 (7.3) を r で積分して円板全体の運動エネルギー E が得られる。

$$E = \frac{M\omega^2}{R^2}\int_0^R r^3 dr \tag{7.4}$$

$$= \frac{1}{2}\left(\frac{1}{2}MR^2\right)\omega^2 \tag{7.5}$$

最後に図 7.4 のような球体の回転運動のエネルギーを求める。球体の全質量は M，半径は R である。回転の軸を z 軸として球体の中に厚さ Δz の円板を考える。このとき円板の質量は

$$M\frac{\pi\left(R^2 - z^2\right)\Delta z}{\frac{4}{3}\pi R^3}$$

式 (7.5) を用いると，この円板の運動エネルギー ΔE は

$$\Delta E = \frac{1}{2}\left(\frac{1}{2}M\frac{\pi\left(R^2 - z^2\right)\Delta z}{\frac{4}{3}\pi R^3}\left(R^2 - z^2\right)\right)\omega^2 \tag{7.6}$$

$$= \frac{3M\omega^2}{16R^3}\left(R^2 - z^2\right)^2\Delta z \tag{7.7}$$

式 (7.7) を z で積分して球体全体の運動エネルギーを得る。

$$E = \frac{3M\omega^2}{16R^3}\int_{-R}^{+R}\left(R^2 - z^2\right)^2 dz \tag{7.8}$$

$$= \frac{1}{2}\left(\frac{2}{5}MR^2\right)\omega^2 \tag{7.9}$$

式 (7.2) (7.5) (7.9) に現れる $mr^2, \frac{1}{2}MR^2, \frac{2}{5}MR^2$ は慣性モーメント，または慣性能率と呼

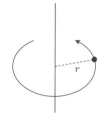

図 7.2　等速円運動

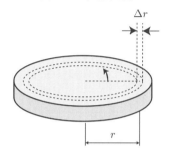

図 7.3　円板の回転

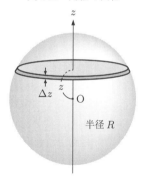

図 7.4　球の回転

ばれる。一般的に慣性能率を用いて回転運動のエネルギーは下記のように表せる。

$$回転運動のエネルギー = \frac{1}{2} \cdot 慣性能率 \cdot (角速度)^2$$

2.4　エネルギー保存則

斜面上に静止していた球体が転がって，高さ h 下った場合を考える (図 7.5)。重心の速さを v として並進と回転の両方の運動エネルギーを考慮すると，以下のエネルギー保存則の式が書き下せる。

$$Mgh = \frac{1}{2}Mv^2 + \frac{1}{2}I\omega^2 \tag{7.10}$$

$I = \dfrac{2}{5}MR^2, \omega = \dfrac{v}{R}$ を用いれば，以下のように書き換えることができる。

$$Mgh = \frac{1}{2}Mv^2 + \frac{1}{2}\left(\frac{2}{5}MR^2\right)\left(\frac{v}{R}\right)^2 \tag{7.11}$$

$\dfrac{dv}{dt}$ を得るために両辺を時間で微分して，$v\sin\theta = \dfrac{dh}{dt}$ を用いると，下記の式を得る。

$$\frac{dv}{dt} = \frac{10}{14}g\sin\theta \tag{7.12}$$

質点を滑らせる場合の加速度は $g\sin\theta$ であるので，球体の場合はこれよりも $\dfrac{10}{14}$ 倍小さな値となっている。以上の結果から，斜面上で球体を転がす運動の場合も等加速度運動となること，またその加速度は球体の半径や質量に依存せず一定の値となることが予想される。

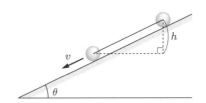

図 7.5　位置エネルギーの変化と球体の速度

3　測定装置と計測方法

測定に使用する主な機材は，赤外線センサー，USB 接続データ収録デバイス，力学滑走台 (図 7.6) である。この他，コンピュータ，傾斜計，定規なども用いる。

実験の概要を述べると，最初に力学滑走台上で球体を転がし，斜面上に並んだ赤外線センサーで通過時刻を計測する。次にセンサーの位置を定規で計測して，時刻と座標値が組になったデータを得る。これを斜面の角度を変えて，数回測定する。最後に，時刻と座標との測定データから並進加速度を求めるという手順である。

測定装置の詳細と使用方法を，測定手順に沿って順に述べる。

図 7.6　力学滑走台

　最初に力学滑走台を適当な角度 (1 〜 7°) に固定する。滑走台には 5 個の赤外線センサーが固定されている (図 7.7)。センサーは球体が前方に来ると，感知して電圧を生じる。センサーの出力は USB 接続データ収録デバイス (ナショナルインスツルメンツ社，NI USB-6009) につながれている (図 7.8)。USB-6009 は電圧測定の機能があり，センサーからの出力電圧を 1000 回/秒，5 個のセンサー同時に計測する。それぞれのセンサーの出力電圧の時間変化が得られるので，これにより，球体が各センサーの前方を横切った時刻が分かる。

図 7.7　赤外線センサー　　　　　　　　　　図 7.8　USB-6009

　USB-6009 はコンピュータで制御する。制御用のソフトウエアとしてはナショナルインスツルメンツ社の LabVIEW[1]で作成されたソフトを用いる。

　USB-6009 の電源装置のスイッチを入れ，コンピュータを起動し，起動後デスクトップ上の測定用ソフトウェアのアイコンをダブルクリックして，測定の準備を整える。ソフトウェアが起動したら測定をスタートさせ，球体を転がす。測定は 3 秒間経過後自動的に停止する。停止後画面上に測定結果が表示される (図 7.9)。測定用のソフトウェアには，グラフ上のポイントの時刻と電圧を読み取る機能がある。これを利用して，時刻のゼロ点 (球体を離した時刻)，各センサーを通過した時刻を計測し記録する。時刻測定が完了したら，デジタル傾斜計 (図 7.10) で斜面の角度

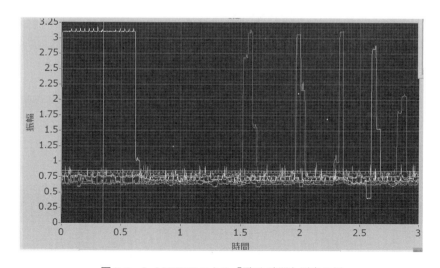

図 7.9　LabVIEW による「電圧-時間」測定の例

---

[1] LabVIEW に関しては，実験テーマ「電気抵抗の測定」を参照。

図 7.10　デジタル傾斜計

を測る。このとき机上に体重をかけると測定値が変化するので，注意する。傾斜計は 180° 向き
を変えた測定も行い，平均をとる。上記の時刻測定を，斜面の角度を 1 ～ 7° の範囲で変化させ
ながら繰り返す (5 点の角度で測定)。全ての時刻測定と角度測定が終了したら，センサーの位置
を測定し，スタート地点からの距離を求める。

4　解析

球体の時刻と座標の測定結果を表にまとめ，時間の 2 乗と距離の関係を示すグラフを作成して，
その線形関係を確認する。加えて斜面の角度と並進加速度の関係をグラフに表す。また，傾きを
理論値 $\dfrac{10}{14} g \sin \theta$ と比較する。

4.1　時間の 2 乗－距離のグラフ

最初に，時間の 2 乗と距離の関係を示すグラフを作成する。Open Office の Calc を起動して，
シート上に測定値を記入する。センサーの位置（距離）とそれぞれの角度での時刻の値を記入す
る。加えて，シート上で時間の 2 乗の値を計算しておく (図 7.11)。

C3		$f_x \Sigma =$	=B3^2			
	A	B	C	D	E	F
1		6.1度		5.0度		4.0度
2	距離m	t(s)	tの2乗(6.1度)	t(s)	tの2乗(5.0度)	t(s)	t(
3	0.134	0.55	0.3	0.65	0.42	0.72
4	0.314	0.88	0.77	1.01	1.02	1.11
5	0.452	1.05	1.1	1.21	1.46	1.31
6	0.601	1.21	1.46	1.38	1.9	1.51
7	0.755	1.38	1.9	1.57	2.46	1.71

図 7.11　測定結果の記入

作図する x 座標，y 座標の列を選択する。y 座標としては複数の列を選択する (図 7.12)。これ
を散布図として作図すると，左端の列が x 座標となる。

	A	B	C	D	E	F	G
1		6.1度		5.0度		4.0度	
2	距離m	t(s)	tの2乗(6.1度)	t(s)	tの2乗(5.0度)	t(s)	tの2乗(4.0度)
3	0.134	0.55	0.3	0.65	0.42	0.72	0.52
4	0.314	0.88	0.77	1.01	1.02	1.11	1.23
5	0.452	1.05	1.1	1.21	1.46	1.31	1.72
6	0.601	1.21	1.46	1.38	1.9	1.51	2.28
7	0.755	1.38	1.9	1.57	2.46	1.71	2.92

図 7.12　複数の y 座標列の選択

x 座標，y 座標の列を選択した後，シートにグラフを挿入すると，下記の図 7.13 が得られる。

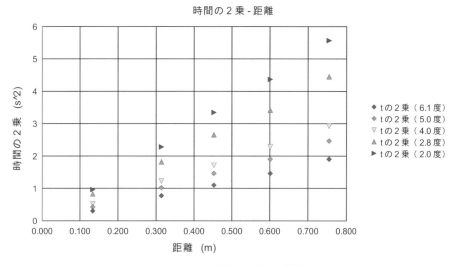

図 7.13 時間の 2 乗 vs. 距離

それぞれの角度のデータ点に，トレンド線 (回帰直線) を挿入する (図 7.14)。あわせて直線の等式もグラフ上に表示する。表示される等式は座標原点を通らないものであるが，本来この実験は原点を通る直線となるので，縦軸の切片が大きい場合には再測定をする。

印刷プレビューを見て，一枚のページに収まるように調整した後，シートを印刷する。また作成した Calc ファイルは以降適宜保存すること。

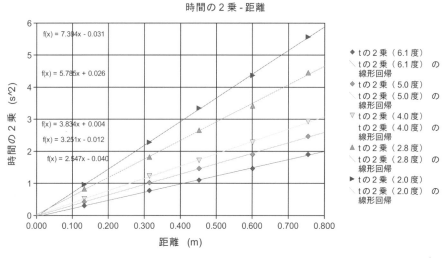

図 7.14 回帰直線の挿入

4.2 並進加速度と斜面の角度

球体の移動距離を ℓ，時刻を t，並進加速度を a とするとき，$\ell = \dfrac{1}{2} a t^2$ の関係があるので，

$$\ell = \frac{1}{2} a t^2 \tag{7.13}$$

$$t^2 = \frac{2}{a} \cdot \ell \tag{7.14}$$

上記より，図 7.14 のグラフの傾きは $\dfrac{2}{a}$ に等しく，これから球体の並進加速度 a を求めることができる。実験によって求めた加速度をシートに記入する (図 7.15)。

M	N	O	P	Q	R	S
角度	ラジアン	sin(θ)	理論値	$g$sin(角度)	傾き	実験値
2.0000	0.0349	0.0349	0.2443	0.3420	7.3940	0.2705
2.8000	0.0489	0.0488	0.3419	0.4787	5.7850	0.3457
4.0000	0.0698	0.0698	0.4883	0.6836	3.8340	0.5216
5.0000	0.0873	0.0872	0.6101	0.8541	3.2510	0.6152
6.1000	0.1065	0.1063	0.7438	1.0414	2.5470	0.7852

図 7.15 理論値との比較

シート上で，理論値 $\dfrac{10}{14} g \sin \theta$ と，摩擦なく (回転せずに) 落下する場合の加速度 $g \sin \theta$ も求める。その際，正弦 (sin) を計算する場合にはラジアンを用いることに注意する。

$g \sin \theta$，$\dfrac{10}{14} g \sin \theta$，実験から求めた加速度の値と斜面の角度の正弦値の関係をグラフにまとめる (図 7.16)。また実験値のグラフの傾きは $\dfrac{10}{14} g$ に相当するので，傾きから重力加速度の値を求めて，シート上に記入する (**単位を忘れないこと**)。最後に印刷プレビューを見て一枚のページに収まるように調整した後，シートを印刷する。

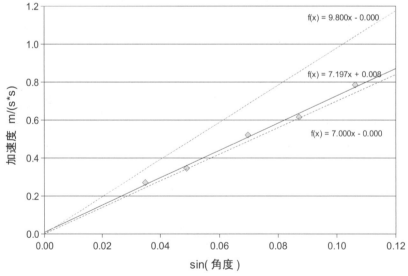

並進加速度と斜面の角度の正弦の値の関係

f(x) = 9.800x - 0.000

f(x) = 7.197x + 0.008

f(x) = 7.000x - 0.000

加速度 m/(s*s)

sin(角度)

図 7.16 並進加速度と $\sin \theta$

実験 8

オシロスコープを用いた交流電流の観測

1 目的

オシロスコープを用いて，コイルおよびキャパシター (コンデンサー) を含む交流電流を観測し，もって交流への理解を深める。

2 原理

2.1 交流と基本的な 3 素子

時間とともに周期的に電流の向きが変化する交流においては，回路における基本的な素子，コイル，キャパシターの性質が，直流の場合とは異なる。以下，図 8.1 のように素子が直列に接続された場合を例として，電流とそれぞれの素子の電圧との関係を述べる。直列であるので，3 素子に流れる電流は共通で，以下ではその電流を $I = I_0 \cos \omega t$ とする ($\omega = 2\pi f : f$ は周波数)。

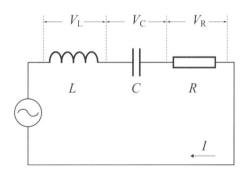

図 8.1 直列回路

最初にコイルに関して考察してみる。コイルに直流が流れるときは，コイルによる電圧降下は生じない (両端に電位差はない)。しかし，コイルに流れる電流が時間的に変化するとき，コイルを貫く磁束が変化して，その変化を打ち消す向きに誘導起電力が発生し，両端に電位差が生じる。交流におけるコイルの電圧とは，この誘導起電力 (自己誘導) のことである。

電流が $I = I_0 \cos \omega t$ で時間変化するとき，コイルに生じる電圧 V_L は，自己インダクタンス L を用いて下記の式で表される。

$$V_L = L \frac{dI}{dt}$$

$$= -L I_0 \omega \sin \omega t \qquad \left[\text{または} : L I_0 \omega \cos \left(\omega t + \frac{\pi}{2} \right) \right]$$

電流は $\cos\omega t$ に比例し，コイルの電圧は $\cos(\omega t + \frac{\pi}{2})$ に比例している。そのため，電流が最大となる時刻とコイルの電圧が最大となる時刻は一致しない。ωt や $\omega t + \frac{\pi}{2}$ などの三角関数の引数のことを位相といい，これを用いて，コイルにおいては "電流と電圧の位相が異なる" と言いあらわされる。R に加わる電圧 V_R は，電流と位相が同じである（$\cos\omega t$ に比例）。そのため電流を知るには抵抗の電圧を測定すればよいが，この抵抗の電圧（電流の位相）とコイルの電圧の関係を図 8.2 に示す。

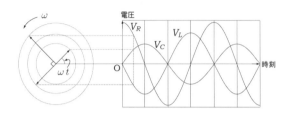

図 8.2　3 素子の電圧の時間変化

　キャパシターに直流電流は流れない。接続した瞬間には電流が流れるが，充電が完了すると電流は流れなくなる。一方，交流電圧を加えると，キャパシターは充放電を繰り返し，それゆえキャパシターに電流が流れる。キャパシターの電圧は，蓄えられている電荷（$Q = CV$）によって定まるが，その点は直流交流とも違いはない。電流 I が時間 Δt 間キャパシターを流れるとき，キャパシターの電荷は $I\,\Delta t$ 増加する。それゆえ，電流を時間で積分することでキャパシターの電荷量は求められる。これは逆に，キャパシターの電荷量の時間変化（t での微分）が回路を流れる電流となっているとも言える。

$$Q = \int I\,dt \quad \text{あるいは} \quad I = \frac{dQ}{dt}$$

上記を踏まえて，電気容量 C のキャパシターの電圧 V_C は下記の式で表される。

$$
\begin{aligned}
V_C &= \frac{Q}{C} \\
&= \frac{1}{C} \int I\,dt \\
&= \frac{1}{C} \int I_0 \cos\omega t\,dt \\
&= \frac{I_0}{\omega C} \sin\omega t \qquad \left[\text{または}: \frac{I_0}{\omega C} \cos\left(\omega t - \frac{\pi}{2}\right)\right]
\end{aligned}
$$

キャパシターの電圧は $\sin\omega t$ に比例していて，これもまた電流とは異なる位相となっている（図 8.2 を参照）。

　抵抗の電圧は，$V_R = R I_0 \cos\omega t$ であるので，3 素子全体の電圧は，これらの和となって下記の式で表される。またそれぞれの素子の電圧は図 8.2 のような時間依存性となる。

$$V_L + V_C + V_R = I_0 \left(-\omega L \sin\omega t + \frac{1}{\omega C} \sin\omega t + R \cos\omega t\right) \tag{8.1}$$

3素子の電圧は位相は異なるものの，同じ周期で変化する。この関係を，互いに $\dfrac{\pi}{2}$ の角度をなして角速度 ω で回転する三つのベクトルを用いて考えてみる（図 8.3）。

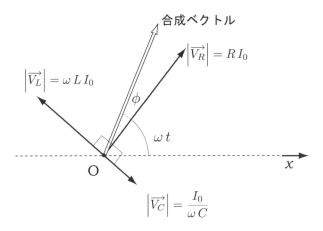

図 8.3 3素子の電圧をベクトルとして表す

大きさが $R I_0$ で x 軸と角度 ωt をなすベクトル $\overrightarrow{V_R}$ を考える。$\overrightarrow{V_R}$ の x 軸への射影（x 座標）は時刻 t での抵抗の電圧に相当する。続いて，$\overrightarrow{V_R}$ と $\dfrac{\pi}{2}$ の角度をなす大きさ $\omega L I_0$ のベクトル $\overrightarrow{V_L}$ を考える。同じく $\overrightarrow{V_L}$ の x 軸への射影は時刻 t でのコイルの電圧に相当する。3番目に，$\overrightarrow{V_L}$ とは逆向きに $\dfrac{\pi}{2}$ ずれた，大きさ $\dfrac{I_0}{\omega C}$ のベクトル $\overrightarrow{V_C}$ を考える。このベクトルの x 軸への射影は時刻 t でのキャパシターの電圧を表す。それゆえ，この3ベクトルを足し合わせた合成ベクトルを考えるとき，この合成ベクトルの x 軸への射影は3素子の電圧の和を表す。交流においてもキルヒホッフの法則は成立するので，3素子の電圧の和は電源電圧と等しい（図 8.1 参照）。そのため図8.3 の合成ベクトルは電源電圧を表していて，$\left| \omega L - \dfrac{1}{\omega C} \right| \neq 0$ であるならば，電源電圧と $\overrightarrow{V_R}$ の向きは一致しない。図 8.3 ではその方位の差を ϕ としている。3ベクトルの間の角度 $\dfrac{\pi}{2}$ は，3素子に加わる電圧の位相差に相当する。この位相差は時刻 t に関わらず一定であるので，以降この実験においては $\overrightarrow{V_R}$ を水平方向にとって図を描く（この図をベクトル図と呼称）。

図 8.4 から，ϕ は tan の逆関数 $\tan^{-1}$ を用いて式 (8.2) で表される。

$$\phi = \tan^{-1}\left(\frac{\omega L - \frac{1}{\omega C}}{R} \right) \tag{8.2}$$

$\omega L > \dfrac{1}{\omega C}$ であれば，電源電圧の位相は電流の位相よりも先に進んで $\phi > 0$ であるが，逆に $\omega L < \dfrac{1}{\omega C}$ であれば，図 8.4 とは異なり $\phi < 0$ となる。実験においてベクトル図を描くときには，この ϕ の正負に注意すること。

結局，上記の ϕ を用いて，3素子の電圧の和は，下記のようにひとつの三角関数で表される。

$$V_L + V_C + V_R = \sqrt{R^2 + \left(\omega L - \frac{1}{\omega C} \right)^2}\, I_0 \cos\left(\omega t + \phi \right) \tag{8.3}$$

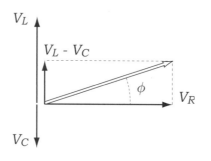

図 **8.4**　ベクトル図

3　装置

3.1　オシロスコープ

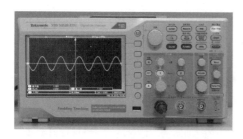

図 **8.5**　デジタルオシロスコープ

　この実験では，交流電圧の観測にデジタルオシロスコープ（図8.5）を用いる[1]。以下，ここでは利用方法の概略を解説する。

　図8.6はオシロスコープの表示を拡大したもので，初期設定（工場出荷時設定）[2]の状態である。図8.5のオシロスコープは，二つの信号入力端子がある（ただし，これら2個の入力端子の負極は導通している）。図8.6では，そのうちのひとつの入力端子（CH1）で信号を観測している。画面の縦軸が観測する信号の電圧を表し，水平軸は時刻に相当する。このように，オシロスコープを使用することで，電圧の時間変化を観測することが可能となる。

　画面の下部には種々の設定値が表示されている。左から順に表示内容を見ると，まずCH1の縦軸（電圧）の設定があり，正方格子のひと目盛が1.00 Vとなっていること，次に横軸（時間）の設定があって格子のひと目盛が500 µsとなっていること，その右側にはトリガーとしてCH1を利用していることが表示されていて，さらに下方に時刻の表示がある。トリガーとは観測した信号を画面に表示するタイミングを決めるための仕組みである。表示には，CH1に同期して画面表示を更新していること（表示内容は，CH1の電圧が負の電圧から正の電圧へと0 Vを横切るタイミングを指定している），トリガーの周波数が約1 kHzであることも示されている。交流電圧のように周期的に変動する信号を観測するには，時間的に連続した信号を信号の周期と同じ時間間隔で分割し，それらを重ねて表示する必要がある。そうすることで静止した画像が得られる。信号が任意の電圧（図8.6では0 V）を通過する時刻の間隔は信号の周期と一致するので，この通過する時刻から画面表示のタイミングを得ている。トリガーの設定方法に関しては測定値の読み取り方法と合わせて後述する。

　図8.7に操作パネルを示す。観測の際には，入力する信号に合わせて縦軸と水平軸の調整が必

---

[1] オシロスコープにはアナログオシロスコープと呼称されるタイプもある。

[2] パネル（図8.7）上にある「Default Setup」ボタンを押すことで，工場出荷時の設定が復元される。

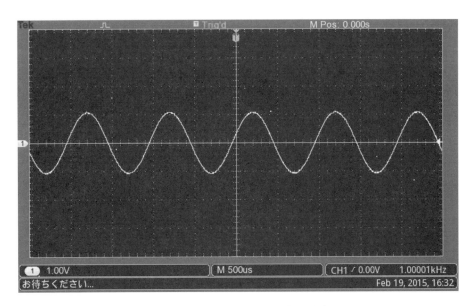

図 8.6　オシロスコープの表示画面

要となるが，縦軸の調節はパネルの「垂直軸」エリアにあるダイヤルで設定する。CH1 の信号であれば，左側の「スケール」ダイヤルを調整して，画面上で適度な振幅となるようにする。水平軸は，「水平軸」エリアにある「スケール」ダイヤルを使用して調整する。

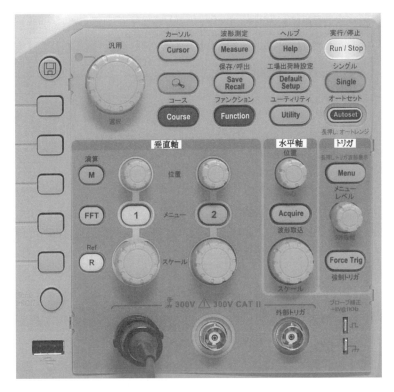

図 8.7　操作パネル

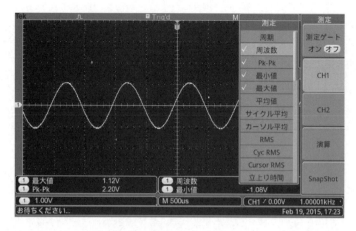

図 8.8   電圧と周期の読み取り

　測定値の読み取りはオシロスコープの測定機能を利用する。操作パネル上の「波形測定」ボタンを押すと表示画面右側の領域にサイドメニューが表れる。このメニューの「CH1」を押すとCH1 に関して測定可能なリストがサイドメニューの左側に表示される（図 8.8）。このとき「汎用」ダイヤルが使用可能となっていて（緑の LED が点灯），「汎用」ダイヤルを回して周波数等の項目を選び，ダイヤルを PUSH してチェックマークを付ける。項目には Pk-Pk（ピークツーピーク：振幅の 2 倍の値）や RMS（実効値）がある。選択した項目の数値は表示画面上に表れる。サイドメニューを消すには，「Menu On/Off」ボタンを使用する。

　もう一つの入力端子（CH2）を利用するには，「垂直軸」エリアの "2" と数字が書かれたボタンを押すと，表示画面に CH2 の波形が，CH1 とは異なる色で表示される。この数字のボタンを再び押すと CH2 の測定は終了し画面表示も消える。

　トリガーとしては，任意の信号を利用することができる。設定はまずトリガーエリアにある「Menu」ボタンを押して画面上にサイドメニューを表示させる。そのメニューにある「ソース」ボタンを押して表示された項目，CH1，CH2，Ext（外部入力）等から「汎用」ダイヤルを使用して選択する（図 8.9）。外部入力とは，「外部トリガー」端子に接続したプローブの信号をトリガーとして利用する場合を言う。

3.2 交流発振器

　この実験では，回路に電流を流す電源として交流発振器を用いる（図 8.10）。測定においては，出力電圧の周波数と振幅の調節が必要となる。以下，その概略を述べる。

　周波数を設定するときは，正面のパネルにある「FREQ」ボタンを押す（画面上で「FREQ」という文字が点滅する）。ダイヤルを回すと，周波数表示のうち，ひとつの桁が増減する。変化させる桁はダイヤルの下にある矢印キーで指定する。出力電圧を設定するときは「AMPL」ボタンを押す（画面上で「AMPL」という文字が点滅する）。周波数と同じくダイヤルを回して電圧を調節する。

　実際に電流が出力されるのは「OUTPUT」ボタンを押して，そのボタンが点灯しているときで，それまでは電流は流れない。

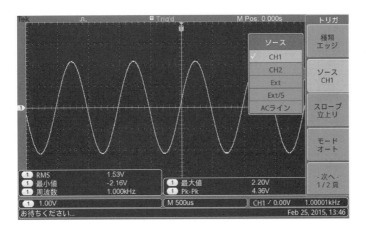

図 8.9　トリガーの設定

図 8.10　交流発振器

3.3　他の実験装置

上記であげたオシロスコープや発振器の他に，電流計，コイル，キャパシター（コンデンサー）などの素子，プローブ，ブレッドボード等を利用する（図 8.11 から 8.16）。

注意点を幾つか挙げる。ブレッドボードは回路の配線に使用するものであるが，縦に連結されている端子と横に連結している端子があるので，備え付けの資料を参照して，端子間の導通を確認すること。プローブを利用する場合は，同軸の心線がねじれないように先端の丸いコネクター部を持って操作すること。

図 8.11　ブレッドボード

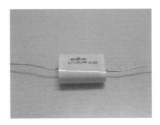

図 8.12　キャパシター

図 8.13　コイル

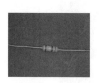

図 8.14　抵抗

図 8.15　電流計

図 8.16　プローブ

4　実験方法

実験の前半ではリアクタンス等の測定を通じてオシロスコープの使用方法を学び，後半では交流回路におけるキルヒホッフの法則と共振現象を観測する。

4.1　リアクタンスの周波数依存性

コイルやキャパシターの交流電流に対する抵抗の働きをリアクタンスという。交流の角周波数を ω として，コイルのリアクタンスは ωL と表され，キャパシターは $\dfrac{1}{\omega C}$ であるが，以下ではこれらのリアクタンスの周波数依存性を観測する。

4.1.1　コイルのリアクタンスの周波数依存性

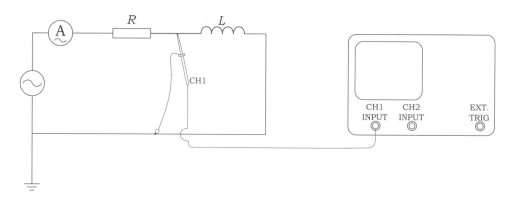

図 8.17　回路 A

図 8.17 のように回路を接続し，コイルのリアクタンスを測定する。接続する際は，発振器の出力をオフとした状態でつなぐ。電流計，抵抗，コイルの端子には接続方向はないが，発振器の端子の正負には注意する（黒線を接地する側に繋ぐ）。抵抗 R には数十 Ω 程度のものを用いる。電流計は 25 mA のレンジを使用して，電流を 10 mA 流す（使用する回路素子によっては，電源の容量不足から一定の電流を維持できない場合がある。その際は可能な限り大きな電流値でよい）。トリガーには CH1 を用いる。

縦軸の調整は，信号が表示画面を振り切らないようにする。画面をはみ出すと測定不能となる。横軸の調整も同様に一周期の波形が画面に収まるように調整する。発振器の周波数を変化させると信号の電圧，周期ともに変化するので，測定の都度，縦軸と横軸のスケールを調整すること。

　「波形測定」ボタンを押してサイドメニューを表示させ，測定項目を選ぶ。ここでは，「周波数」と「RMS」を表示させる。

　表8.1に示す周波数において，コイルのリアクタンスを測定して表を埋め，周波数依存性のグラフを作成せよ（図8.18）。測定結果からコイルのインダクタンス L を求め（グラフ上に値を記入すること），コイルに表記された値と比較せよ。

表 8.1　リアクタンスの周波数依存性（コイル）

周波数	200 Hz	500 Hz	1 kHz	2 kHz	5 kHz
電流　（mA）					
電圧（実効値 mV）					
リアクタンス (Ω)					

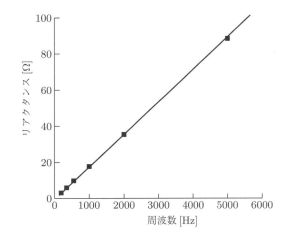

図 8.18　リアクタンスの周波数依存性のグラフ（コイル）

4.1.2　キャパシターのリアクタンスの周波数依存性

　図8.19のように回路を接続し，キャパシターのリアクタンスを測定する。抵抗 R には数十 Ω 程度のもの，トリガーには CH1 の信号を用いる。発振器の周波数を変えながら CH1 の電圧を測定して，リアクタンスを求める。回路に流れる電流値は 10 mA 程度とする（一定の電流値を維持できない場合は可能な限り大きな電流値とする）。

　表8.2に示す周波数において，キャパシターのリアクタンスを測定して表を埋め，周波数依存性のグラフを作成せよ（図8.20，横軸は $1/f$）。測定結果からキャパシターの電気容量 C を求め，キャパシターに表記された値と比較せよ。

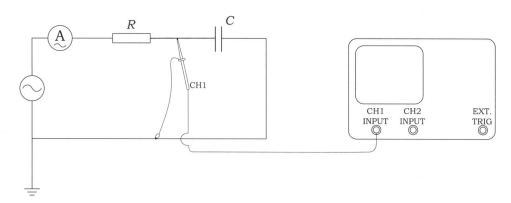

図 8.19   回路 B

表 8.2   リアクタンスの周波数依存性（キャパシター）

周波数 f	200 Hz	500 Hz	1 kHz	2 kHz	5 kHz
$1/f$					
電流　（mA）					
電圧（実効値 mV）					
リアクタンス (Ω)					

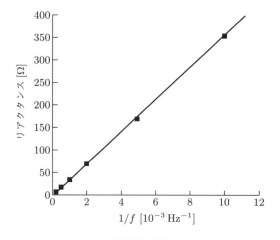

図 8.20   リアクタンスの周波数依存性のグラフ（キャパシター）

4.2　フローティング電位の測定と交流の位相

図 8.21 のように回路を接続し，L に加わる電圧を測定する。回路 C は，回路 A において，抵抗とコイルの位置が入れ替わったものである。CH2 の信号から回路に流れる電流が分かるが，この電流と L に加わる電圧との位相差を観測してみる。

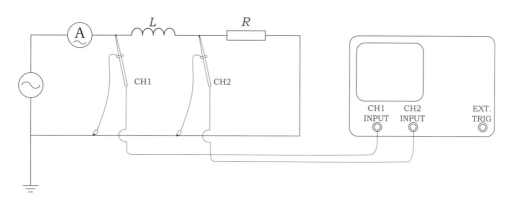

図 8.21　回路 C

L の両端とも電位はゼロボルトではなく，このような測定をフローティング測定という。この場合，プローブの正極と負極を L の両端に接続して電圧を測定することはできない。なぜなら，プローブの負極は，電源コードのアース線を通じて接地されているので，L の片方を接地することになって，回路に流れる電流が変化してしまうからである。この様な場合，オシロスコープの二つの入力を利用して 2 点の電位を測定し，その差として 2 点間に加わる電圧を求める。それゆえ 2 本のプローブで L を挟み込んでいる。発振器の周波数は 5 kHz として，周期が画面上の 4格子分となるように水平軸を調節する。電流は 10 mA とし，測定対象に CH2 を追加して，トリガーは「CH2」とする。「水平軸」エリアの「位置」ダイヤルを調整して CH2 のピーク位置を画面の中央に配置する。

CH1 の電位を V_1，CH2 の電位を V_2 として，その電位差 $V_1 - V_2$ を求めるには，オシロスコープの演算機能を利用する。「垂直軸」エリアの「演算」ボタンを押すと，各種，信号に対する演算機能が利用できる。「ソース」ボタンを押して「CH1 - CH2」を選択すると（デフォルト設定），求める電位差が画面上に "赤い" 線で表示される（図 8.22）。信号の表示が小さい場合には，サイドメニューの「垂直軸スケール」を「汎用」ダイヤルで調整すること。

「波形測定」ボタンを押して，サイドメニューから「演算」を選び，画面上に実効値「RMS」を表示する。表示された実効値（電位差 $V_1 - V_2$）の値を，実験（4.1）で測定したコイルに加わる電圧と比較せよ。

次にオシロスコープの表示画面を印刷する。プリンターがオシロスコープに接続されている場合はプリンターに直接印刷するが，そうでなければ一旦表示データを USB メモリーに移す。この操作は以下のように行う。まずパネルにある USB コネクターにメモリーを刺して認識されるのを待った後，「保存/呼出」ボタンを押してサイドメニューを開き，その中の「印刷ボタン画像保存」において「画像保存」を選ぶ。「Menu On/Off」ボタンを押してサイドメニューを閉じた

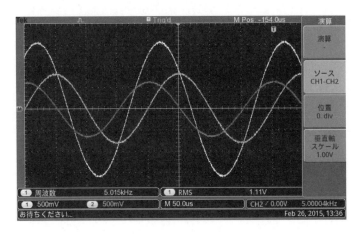

図 8.22　演算処理

後，パネル上の「フロッピー」ボタンを押せば，メモリー上に表示画面が画像ファイルとして書き込まれる。

USB メモリをフォーマットするときには，「ユーティリティー」を押してサイドメニューから「次へ」，「ファイルユーティリティー」「次へ」「フォーマット」「はい」と進む。

回路に流れる電流とコイルに加わる電圧の位相に関して検討し，画面を印刷した用紙に検討内容を記せ。

4.3　交流回路におけるキルヒホッフの法則

ここでは，図 8.23 のようにコイル，キャパシター，抵抗の 3 素子を含む交流回路において，各素子に加わる電圧とその位相を観測し，キルヒホッフの法則の成立を確認する。

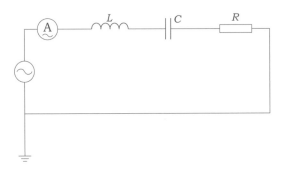

図 8.23　3 素子を含む回路

最初にキャパシターに加わる電圧を観測する。図 8.24 のように回路を接続する。CH1 と CH2 でキャパシターをはさむようする。発振器の周波数は 500 Hz とする（周期が 4 目盛りとなるように水平軸を設定）。電流は 10 mA，トリガーは EXT とする。波形が静止しない場合は「トリガ」エリアの「メニューレベル」ダイヤルを調整する。CH2 の電圧のピークをディスプレイの中央になるように，「水平軸」エリアの「位置」ダイヤルを調整する（CH2 の電圧は抵抗に加わる電圧 V_R となっていて，その位相は回路に流れる電流の位相を示す）。これ以降，キルヒホッフの

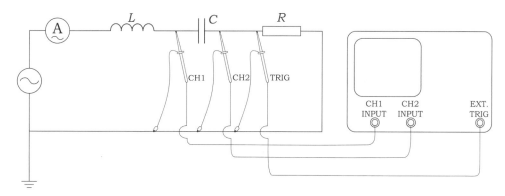

図 8.24　回路 D

測定が終了するまで，**水平軸の調整をしてはならない。**

　演算機能を利用して，CH1 と CH2 の電位差を画面上に追加せよ（この電位差は C に加わる電圧 V_C を示している）。加えて，「波形測定」の機能を利用して，CH1，CH2，およびその電位差の実効値を画面上に表示し，その画面を印刷し，下記の表を埋めよ。

表 8.3　キャパシターに加わる電圧の測定結果

周波数 f	電流 I	C 容量	V_C(測定値)	V_C （計算値 $\frac{1}{\omega C} I$）
500 Hz	10 mA			

　次にコイルに加わる電圧を観測する。図 8.25 のようにプローブを付け替える。その際，回路に流れる電流の位相を，先の設定と揃えるために，水平軸の調整やトリガーの調整を**行ってはならない。**

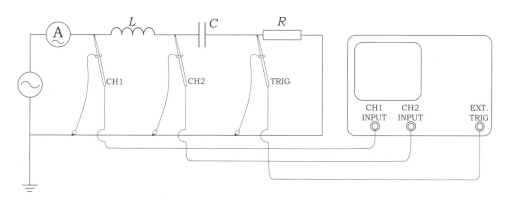

図 8.25　回路 E

　先のキャパシターの測定と同様に，演算機能を利用して，CH1 と CH2 の電位差を画面上に追加せよ（この電位差は L に加わる電圧 V_L を示している）。「波形測定」の機能を利用して，CH1，CH2，およびその電位差の実効値を画面上に表示し，その画面を印刷して，下記の表を埋めよ。

表 8.4 コイルに加わる電圧の測定結果

周波数 f	電流 I	L (H)	V_L(測定値)	V_L （計算値 $\omega L \times I$）
500 Hz	10 mA			

図 8.25 において，CH1 は電源電圧 V_E を測定している。以上，3 素子の電圧と位相の観測結果をベクトル図で表し（図 8.26），キルヒホッフの法則を確認せよ。

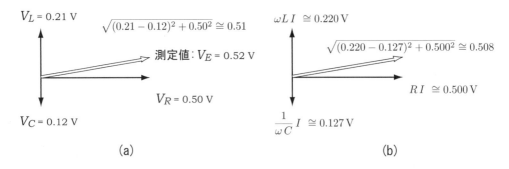

図 8.26 作図例，(a) は測定値のベクトル図。(b) は計算より求めたベクトル図。
$f = 1250\,\mathrm{Hz}$, $R = 50\,\Omega$, $C = 10\,\mu\mathrm{F}$, $L = 2.8\,\mathrm{mH}$, $I = 10\,\mathrm{mA}$。

4.3.1 共振現象

図 8.27 のように 3 素子が直列に並んだ回路では，コイルに加わる電圧とキャパシターに加わる電圧は位相が $180°$ 異なる。コイルのリアクタンスは周波数とともに増加し，キャパシターのリアクタンスは減少する。そのため下記の周波数 f_0 で，絶対値が等しくなり 3 素子全体のインピーダンスは最小値となる。

$$f_0 = \frac{1}{2\pi\sqrt{LC}}$$

この現象を共振といい，f_0 は共振周波数と言われる。

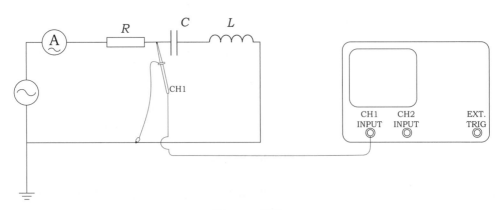

図 8.27 回路 F

　図8.27のように回路を接続し，二つの素子 C, L に加わる電圧を測定する。CH1 の測定値から，インピーダンスが最小となる周波数を特定し，またその前後の周波数で観測して表8.5 を埋めよ。二つの素子に記されている値から求めた $\left| \omega L - \dfrac{1}{\omega C} \right|$ と，測定値とを比較せよ。得られた結果からグラフを描け（図8.28，両対数グラフ，測定値のみで良い）。また，素子に表記された値から共振周波数を求めて，測定においてインピーダンスの最小値を得た周波数と比較せよ。

表8.5　インピーダンスの周波数依存性

周波数 f (Hz)			最小値 (　　Hz)			
電流　(mA)						
電圧（V）						
インピーダンス (Ω)						
$\left\| \omega L - \dfrac{1}{\omega C} \right\|$						

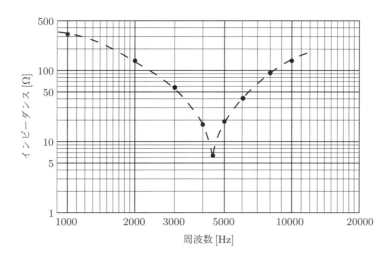

図8.28　インピーダンスの周波数依存性

実験 9

AM ラジオ

1 目的

AM ラジオの作成を通して，電磁波による音声信号の送受信への理解を深める。

2 原理

マックスウェルによって予言された電磁波の存在は，1888 年ヘルツによって実験的に確かめられた。電磁波は，まずは文字情報を符号化した無線の電信として利用され，その後音声を伝える無線電話や放送として利用されるようになった。

以下，電磁波によって音声情報を伝える際のステップ，変調，同調，検波と増幅について順に述べる。

2.1 AM 変調

可聴帯域の音声信号（おおよそ 20 Hz から 20 kHz）をそのまま電磁波として送信することは難しい。一般に波動を送り出す装置（送信アンテナ等）は，その波長の半分か，4 分の一程度の大きさが要求されるので，伝搬速度がきわめて速い電磁波では膨大な大きさとなる。そのため高周波の電磁波を搬送波（信号を送るための波）として用いて，その上に音声情報をのせる工夫が考案された。このうち放送に利用されているものとして，振幅変調（amplitude modulation，AM と略される）がある。

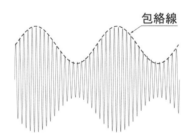

図 9.1　AM 変調

AM 変調の波形の例を図 9.1 に示す。図上の縦の変位は電界強度，横は時間を示している。AM 変調では，音声信号よりも高い周波数の電磁波を搬送波として用いて，その振幅を音声信号に同期して変化させる。つまり搬送波の電圧 V_c を $V_c = A_c \cos \omega_c t$ として，音声信号の電圧 V_s を

$V_s = A_s \cos \omega_s\, t$ とするとき，変調された電圧 V_m を

$$V_m = (A_c + A_s \cos \omega_s\, t) \cos \omega_c\, t$$

上記とする。音声の情報は V_m の包絡線に示される。この実験では，ファンクションジェネレーター（図 9.2）を利用して，変調信号を作成する。その操作方法はマニュアル「振幅変調 (AM)」の項を参照のこと。

図 9.2 ファンクションジェネレーター

2.2 同調

AM 放送局はそれぞれ固有の周波数の搬送波を用いて送信する。受信する際には，これらの中から，特定の搬送波のみを選ぶ必要があり，これを同調するという。この実験では並列共振を利用した同調回路（図 9.3）を利用する。

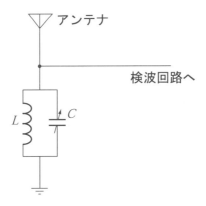

図 9.3 同調回路

図 9.3 のような L と C の並列回路は周波数 $f = \dfrac{1}{2\,\pi\,\sqrt{L\,C}}$ で共振してインピーダンスが無限大となり，アンテナからの信号はアースに流れない。それ以外の周波数ではインピーダンスが小さいためアンテナからの信号は並列回路を通じてアースに流れる。そのため共振周波数の信号だけを選択的に検波回路に送ることができる。実験で利用する同調回路では容量が変更できるキャパシター（バリコン：図 9.4）を使用して共振周波数を変化させ，同調する周波数を選択する。

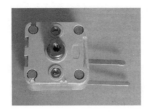

図 9.4 バリコン

2.3 検波

音声情報は変調波の包絡線を検出することで得られる。最初に図 9.5 に示すダイオードを利用した検波について述べる。負荷として 10 kΩ の抵抗を接続する。図 9.1 の変調信号が同調回路側から来るとき，ダイオードの整流作用によって抵抗両端の電圧は図 9.6(a) のような出力となる。

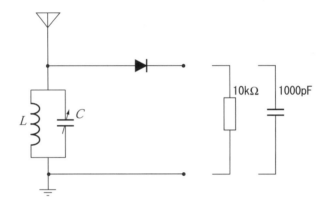

図 9.5 ダイオードを用いた検波回路

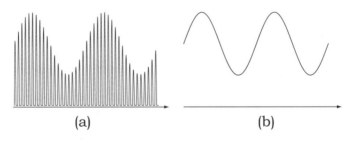

図 9.6 検波回路の出力 (a) 10 kΩ を負荷とした場合 (b) 1000 pF を負荷とした場合

抵抗ではなく 1000 pF のキャパシターを接続した場合には，そのキャパシター両端の電圧は，蓄えられる電荷量に比例するが，これは搬送波の高い周波数に追随して変化せず低い周波数の音声信号の電圧に従って変化し，キャパシターの電圧は図 9.6(b) のような変調波の包絡線となる。イヤホンも一種のキャパシターと見なせるので，此処にイヤホンを接続すると音声が聞こえる。

ダイオードを用いた検波では，アンテナから得た信号を増幅しないため，AM 送信所から離れている大分大学では十分な音量が得られない。そのためこの実験では増幅作用のあるトランジス

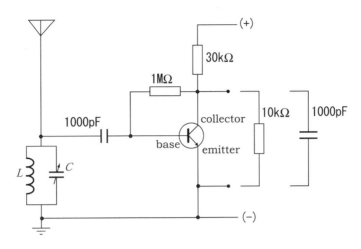

図 9.7　トランジスタを用いた検波回路

ターを用いた検波回路[1] を使用する（図 9.7）。10 kΩ の抵抗を負荷としてつないだときの抵抗に加わる電圧の例を図 9.8(a) に示す（個々のトランジスターの特性によって，波形は多少異なる）。変調信号の電圧が，正の場合と負の場合でトランジスターの増幅特性が異なるため上下非対称な波形となる。1000 pF のキャパシターをつないだ場合の電圧は図 9.8(b) となり音声信号が得られる。

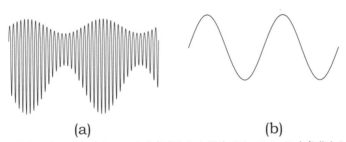

(a)　　　　　　　　　　　　　**(b)**

図 9.8　検波回路の出力 (a) 10 kΩ を負荷とした場合 (b) 1000 pF を負荷とした場合

3　装置

　以下，利用する順に実験装置をあげる。AM ラジオの回路はブレッドボード（図 9.9）上に配線して組み上げる。ブレッドボードは抵抗などの素子を差し込んで回路を組み立てるもので，格子状に端子を差し込む穴が並んでいる（図 9.10）。板の裏面に配線があり，中央の部品を刺すエリアでは，縦方向に並んだ格子状の穴が電気的に導通している。上下のエリア（電源エリア）では横方向に並んだ穴が導通している。これにより，素子を刺すだけで回路を作成することができる。

　受信用のアンテナは 2 種類使用する。ひとつは簡易的なもので，リード線の先にクリップが付いていて，金属製の窓枠や雨樋などをクリップでくわえてアンテナとして利用する。もうひとつは木製の骨組みに導線を張って作成したループアンテナである（図 9.11）。同調回路のコイルとして，このアンテナを利用する。

---

[1] シャンテック電子：http://www.shamtecdenshi.jp/about_radio/about_radio.html

図 9.9　ブレッドボード

図 9.10　ブレッドボード上の回路

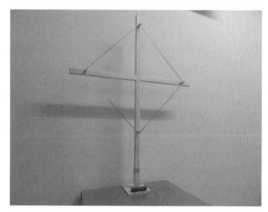

図 9.11　ループアンテナ

図 9.12　ラジオトランスミッター

　ラジオの機能を試すために，ラジオトランスミッターを使って変調波を送信する（図 9.12）。ラジオトランスミッターには音声信号を入力するコネクターやその入力レベルを調整するボリューム等があり，また搬送波の周波数は自由に調整可能である。

　変調波を得るために，ファンクションジェネレーター（図 9.2）を利用する。この操作方法は備え付けのマニュアルを参照すること。

　電圧の観測にはオシロスコープを用いる（図 9.13）。電圧の時間依存性を観測する装置であるが，利用方法に関しては実験テーマ「オシロスコープを用いた交流電流の観測」の解説を参照すること。これを用いて電気信号の電圧や周波数を観測する。

　上記にあげた装置の他，回路で使用する素子を以下にとりあげる。図 9.14 はトランジスター（2SC1815GR）で，端子は平たい面を手前に向けて左から順にエミッタ，コレクタ，ベースである。図 9.15 は抵抗で，表面に描かれたカラーコードによって抵抗値が示されている。この実験で使用する抵抗は，1 MΩ は茶黒緑金，30 kΩ は橙黒橙金，10 kΩ は茶黒橙金か茶黒黒赤茶である。最後（右端）の色は抵抗値の許容差を示すもので精度によって色が異なる。図 9.16 はキャパシターである。この実験で使用するキャパシターは図 9.16 の 1000 pF のものと図 9.4 のバリコンの 2 種である。

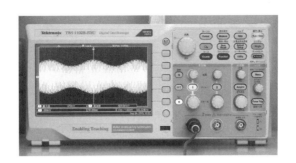

図 **9.13** オシロスコープ

図 **9.14** トランジスタ

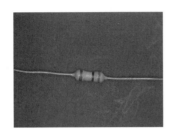

図 **9.15** 抵抗

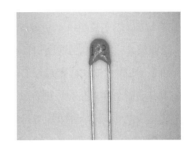

図 **9.16** キャパシター

コイルはリード型といわれる形状のものを使用する（図 9.17）。インダクタンスは $330\,\mu\mathrm{H}$ でカラーコードは橙橙茶である。

図 **9.17** リードインダクタ

4　実験

　第 1 週はファンクションジェネレーターを用いて変調信号を発生させ，それをオシロスコープで確認する。また加えてトランジスターを使った検波回路の特性を観測する。第 2 週はラジオを組み立て，放送局からの電波の受信を試みる。

4.1　変調信号の出力確認

　図 9.18 のように機器を接続する。ファンクションジェネレーターから変調信号を送出しオシロスコープで観察する。以下，手順を記す。

　搬送波用と音声信号の代わりとして，ファンクションジェネレーターの出力を用いる。マニュ

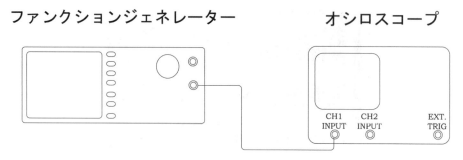

図 9.18　変調信号出力の確認

アルでは搬送波がキャリア波形，音声信号が変調波形と記述されている。搬送波を約 700 kHz の正弦波に，音声信号を 1 kHz の正弦波とし，変調度を 50% とする。この時のオシロスコープの画面を USB メモリに記録して印刷する。その際，縦軸横軸のスケールが確認できることに注意する。波形が静止しない場合はオシロスコープの一回だけの測定（シングル）機能を利用する。オシロスコープの表示が乱れる場合には，搬送波，音声信号の周波数を多少変化させても構わない（以降の実験でも同様）。

4.2　検波回路

　トランジスターを利用した検波回路に関してその機能を観測する。以下，手順を記す。

4.2.1　トランジスターを用いた検波

　図 9.19 のように装置を接続する。搬送波は 600 kHz で電圧は 350 mV，変調用の信号は 1 kHz で変調度を 30% にする。最初に負荷として 10 kΩ の抵抗を接続し，オシロスコープに表示される波形を USB メモリに記録して印刷する。次に 1000 pF のキャパシターを接続し，同様にオシロスコープの波形を USB メモリに記録して印刷する。波形を印刷する際は，縦軸横軸のスケールが確認できるように注意する。

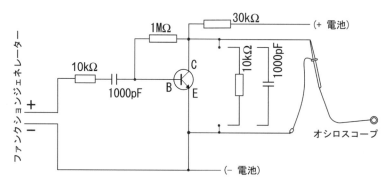

図 9.19　トランジスターを用いた検波回路

4.3　ラジオの組立

　図 9.20 の回路図を参考にして，ブレッドボード上にラジオの回路を組み立てる。図 9.20 は簡易アンテナの場合で，導線の先にみの虫クリップが付いたものをアンテナとして利用している。

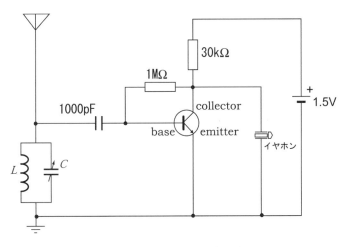

図 9.20　一石ラジオ全回路

　簡易アンテナを使った回路を組み立てた後，図 9.12 のラジオトランスミッターを利用して AM 波の受信を確認する。ラジオトランスミッターに入力する音声信号は iPad のヘッドフォン端子の出力を利用する。

　ラジオが機能することを確認したら，実験室内あるいは外で，実際の AM 放送の受信を試みる。簡易アンテナを利用する場合には金属製の構造物がアンテナとして利用できる。図 9.11 のループアンテナを利用する場合には，簡易アンテナは接続せず，リードコイルの代わりに，回路上の同じ位置にループアンテナを接続して受信する。受信可能であった場所や放送局名，またループアンテナであればその向きなどの受信状況を報告書に記す。

設問

　以下の質問に答えなさい。

(1)　振動数が 20 kHz の電磁波の波長を求めなさい。

(2)　この実験の回路が 639 kHz に同調するときのバリコンの電気容量を求めなさい。

編著者一覧

長屋智之　大分大学理工学部 教授

近藤隆司　大分大学理工学部 講師

小林　正　大分大学理工学部 名誉教授

ぶつりがくじっけん
物理学実験

2018 年 9 月 10 日	第 1 版	第 1 刷	発行
2019 年 9 月 10 日	第 1 版	第 2 刷	発行
2023 年 9 月 10 日	第 2 版	第 1 刷	印刷
2023 年 9 月 20 日	第 2 版	第 1 刷	発行

編 著 者　　　長 屋 智 之

　　　　　　　近 藤 隆 司

　　　　　　　小 林　　正

発 行 者　　　発 田 和 子

発 行 所　株式会社　学術図書出版社

〒113−0033　　東京都文京区本郷 5 丁目 4 の 6

TEL 03−3811−0889　　振替　00110−4−28454

印刷　三和印刷 (株)

単位の 10^n 倍の接頭記号

倍数	記号	名 称		倍数	記号	名 称	
10	da	deca	デ カ	10^{-1}	d	deci	デ シ
10^2	h	hecto	ヘ ク ト	10^{-2}	c	centi	セ ン チ
10^3	k	kilo	キ ロ	10^{-3}	m	milli	ミ リ
10^6	M	mega	メ ガ	10^{-6}	μ	micro	マ イ ク ロ
10^9	G	giga	ギ ガ	10^{-9}	n	nano	ナ ノ
10^{12}	T	tera	テ ラ	10^{-12}	p	pico	ピ コ
10^{15}	P	peta	ペ タ	10^{-15}	f	femto	フェムト
10^{18}	E	exa	エ ク サ	10^{-18}	a	atto	ア ト
10^{21}	Z	zetta	ゼ タ	10^{-21}	z	zepto	ゼ プ ト
10^{24}	Y	yotta	ヨ タ	10^{-24}	y	yocto	ヨ ク ト

ギリシャ文字

大文字	小文字	相当するローマ字		読み方
A	α	$a, \bar{a}$	alpha	アルファ
B	β	b	beta	ビータ(ベータ)
Γ	γ	g	gamma	ギャンマ(ガンマ)
Δ	δ	d	delta	デルタ
E	ε, ϵ	e	epsilon	イプシロン
Z	ζ	z	zeta	ゼイタ(ツェータ)
H	η	$\bar{e}$	eta	エイタ
Θ	θ, ϑ	th	theta	シータ(テータ)
I	ι	$i, \bar{i}$	iota	イオタ
K	$\varkappa$	k	kappa	カッパ
Λ	λ	l	lambda	ラムダ
M	μ	m	mu	ミュー
N	ν	n	nu	ニュー
Ξ	ξ	x	xi	ザイ(グザイ)
O	o	o	omicron	オミクロン
Π	π	p	pi	パイ(ピー)
P	ρ	r	rho	ロー
Σ	σ, ς	s	sigma	シグマ
T	τ	t	tau	タウ
Υ	υ	u, y	upsilon	ユープシロン
Φ	ϕ, φ	ph (f)	phi	ファイ
X	χ	ch	chi, khi	カイ(クヒー)
Ψ	ψ	ps	psi	プサイ(プシー)
Ω	ω	$\bar{o}$	omega	オミーガ(オメガ)